闫如山◎著

中国陶瓷

包装容器的发展及其近现代设计

ZHONGGUO
TAOCI

BAOZHUANG RONGQI DE
FAZHAN JIQI
JINXIANDAI SHEJI

中国纺织出版社有限公司

内 容 提 要

本书以中国陶瓷包装容器的发展历史为主线,选取中国各时期具有代表性的陶瓷包装容器进行展示与分析,探讨工艺、经济环境、文化等因素在陶瓷包装容器设计中的具体表现和运用,试图寻找中国陶瓷包装容器的文化根源。本书还对近代包装设计的发展进行分析,尝试结合不断发展的科技与工艺,探究陶瓷包装容器设计的未来发展方向。

全书图文并茂,内容翔实丰富,图片精美,针对性强,具有较高的学习和研究价值。本书适合从事陶瓷包装容器设计的专业人士,也适合广大陶瓷艺术爱好者阅读与收藏。

图书在版编目（CIP）数据

中国陶瓷包装容器的发展及其近现代设计 / 闫如山著 . -- 北京：中国纺织出版社有限公司,2023.4
ISBN 978-7-5229-0293-7

Ⅰ. ①中… Ⅱ. ①闫… Ⅲ. ①陶瓷—包装容器—研究—中国 Ⅳ. ①TB484.5

中国国家版本馆 CIP 数据核字（2023）第 018199 号

责任编辑：李春奕 施 琦 责任校对：江思飞
责任印制：王艳丽

中国纺织出版社有限公司出版发行
地址：北京市朝阳区百子湾东里 A407 号楼 邮政编码：100124
销售电话：010—67004422 传真：010—87155801
http://www.c-textilep.com
中国纺织出版社天猫旗舰店
官方微博 http://weibo.com/2119887771
三河市宏盛印务有限公司印刷 各地新华书店经销
2023 年 4 月第 1 版第 1 次印刷
开本：710×1000 1/16 印张：13
字数：168 千字 定价：69.80 元

凡购本书,如有缺页、倒页、脱页,由本社图书营销中心调换

前　言

　　陶瓷作为包装容器的历史久远。人类自从认识到土与水掺和后具有一定的黏性，干后可成型，经火烧制后可以变硬，具有防水、防潮、不易腐烂、遮光性好、不开裂等特性后，便将其大量地应用于日常生活中。在奴隶社会和封建社会不断发展演变中，由最初的素陶、彩陶、釉陶、硬质印纹陶等陶质包装容器，拓展到青瓷、白瓷、彩瓷、炻瓷等瓷质包装容器。陶瓷装饰技术和制作工艺也得到了不断改进，陶瓷从单一的包装容器变为实用与审美共存的双重载体，继而被人们赋予深刻的手工技艺痕迹和时代色彩，发展成为一门独具民族特色和审美风格的包装艺术。

　　产品的包装设计是品牌文化的展现窗口，从国际市场来看，发达国家都十分注重产品包装设计、文化特色及其品牌建设的作用。优质的包装容器设计是实现经济利益、艺术品位、文化审美等多重价值的重要保障。如何打造中国传统陶瓷包装产品品牌在国际市场中的文化形象和民族特色产业，需要我们对中国陶瓷包装容器设计的历史及理论进一步地研究与思考。对于现代设计来说，传统文化与艺术不但为我们提供了直接的设计资料，更可以激发我们的创作灵感。使我们重视历史、研究历史、借鉴历史，在对陶瓷包装容器发展历史的深入思考中汲取智慧，探寻我国陶瓷包装容器民族化特色设计的历史瑰宝。

　　中国陶瓷包装容器的发展历史是一个完整而复杂的体系，涉及历史演变、造物思想、造型和装饰艺术、未来发展趋势等诸多方面，所包含的问题均值得进行深入探讨与研究。本书将中国陶瓷包装容器发展史论分为萌芽期、发展期、现状及未来趋势四个部分，分析其形式的特征和演变过程；结合中国审美文化、民族特色、国际贸易以及陶瓷产品特征等影响陶瓷包装容器发展变化的因素，分析各大陶瓷产区的设计特点；结合艺术设计理论，对中国传统陶瓷包装容器的设计方法进行分析、总结，对传统陶瓷包装容器的设计方法进行论述，反思中国传统陶瓷包装容器的设计，思考如何将合理、有效的设计方法应用于实际，为陶瓷包装容器的设计发展起到促进作用。基于以上考虑，本书将通过九章内容对以上问题进行讨论和研究。

第一章是对陶瓷及其包装功能和主要产区的概述。作为我国手工艺品巅峰之一，陶瓷有着悠久的历史，其起源见证着人类的发展，陶瓷的造型、装饰等设计都体现出了艺术审美与文化特性，并且蕴含着造物思想。

第二章是对陶瓷包装容器的设计与文化展现之间的关系进行讨论。陶瓷包装容器设计具有其特殊的需求和艺术价值，我国传统陶瓷包装容器设计从造型到工艺都在不断发展，也体现出当时社会的环境和文化特点。

第三章至第七章，是对古代中国陶瓷包装容器发展历史的回顾，并对陶瓷包装容器从造型、色彩到纹饰中体现出的审美和民族特色进行了讨论分析，尤其分析了当中国陶瓷走向海外时，文化之间的碰撞与交流。每个时代的陶瓷包装容器都能体现出那个时期的工艺水平与审美追求，为现代陶瓷包装容器设计追本溯源，追寻陶瓷包装容器设计的文化根基。

第八章是对近现代陶瓷包装容器出现的新趋势进行讨论。由于技术的发展，陶瓷包装容器的工艺手段和材质使用都在不断演变，并且随着社会理念的变化以及对外贸易的发展，陶瓷包装容器设计中也融入了更多的内容。

第九章则是通过对我国陶瓷产业及其输出和创意文化产业发展及包装新技术应用的分析，探寻陶瓷包装容器设计的发展方向和有效途径。中国是世界陶瓷生产和出口的第一大国，中国陶瓷业在自我强大、自我创新的道路上砥砺前行，为陶瓷产业和陶瓷文化产业获得长足稳定的发展不断探索。

由于本书涉及的行业在不断发展，难免存在不当之处，恳请读者和同仁给予批评指正。由于作者水平的局限，书中难免存在疏漏之处，敬请读者批评指正。本书在编写过程中直接或间接地参考了国内外大量的论著、教科书等素材，在此对所引用文献资料的作者表示诚挚的感谢。

2021年5月

目　录

第一章

陶瓷概述

作为我国手工艺品巅峰之一的陶瓷，其本身便带有极为出众、丰富的艺术性与文化内涵。陶瓷容器具有包装的功能。近年来，陶瓷文化以其悠远而富有神韵的文化气息和独特的视觉表现语言越来越为包装设计师所重视。

第一节　陶瓷的起源

陶瓷的起源可追溯到原始社会，尽管当时人类文明尚处于蒙昧时期，但原始社会人类已经学会运用动植物形象把彩陶艺术化、抽象化，展示了原始人类对艺术美的理解。

一、陶器的起源

在12000～16000年前，地球处于冰河时代末期，这一时期人类的生存环境开始慢慢好转，随着人类开始定居生活，为了储存、容纳一些生活物资，还有日常的饮食和烹饪需求，人类使用有黏性的泥土经过火烧创造出了陶器。

火的利用，使人类脱离了茹毛饮血的生活，并为制作陶器提供了先决条件。史学家断言，陶器的烧造成功，是新石器时代到来的特征之一。陶的发明，是人类社会发展史上划时代的标志。陶器是人类最早通过化学变化将一种物质改变为另一种物质的创造性活动。

陶器是把经过揉软处理的黏土，经水湿润后塑造成一定的形状，再经干燥，用火加热到一定的温度，使之烧结成为坚固的陶器。这是人为改变天然物质的开端，是人类发明史上的重大成果。直到今天，陶器始终同人类的生活和生产息息相关，它的产生和发展，在人类历史上起了相当重要的作用。

2012年6月29日，美国著名的《科学》杂志公布了一则关于陶器起源重大考古发现的文章，介绍了中外考古学家在中国江西万年仙人洞的发现。这一著名的洞穴里，发现有从旧石器时代向新石器时代过渡的人类活动遗迹，出土陶片280多片，大部分留有烧制的痕迹。陶片拼对修复之后，大体可辨器型，很可能是炊器[1]。中、美、德三国学者共同研究，断其年代可以追溯到20000年以前。这些发现表明，在距今20000年前后的旧石器时代晚期，江西万年仙人洞一带的原始游群就开始制陶了（图1-1）。

图1-1 江西万年仙人洞出土的陶罐

二、瓷器的产生

瓷器是中国古代工匠们的创造发明，中国是瓷器的故乡。我国在夏商时期就开始有原始瓷的生产，经西周至西汉的过渡阶段，到东汉已成功制作出成熟瓷。瓷器源于陶器，是陶器生产发展的产物。

中国瓷器产生的具体时间一直存有争议，因为在夏代之前的遗址和墓葬中从未发现过有瓷器特征的物品，只有一些陶器。

商代的陶器烧造工艺有了很大提高，在河南郑州曾发现一件陶尊（图1-2），表面有印花图案玻璃釉，被认为是瓷器的前身。与此同时，有一部分陶器开始采用瓷石做胎土。

传统瓷又称为三组分陶瓷，它是由黏土、

图1-2 河南郑州商城遗址出土的商代早期原始陶尊

---

[1] 刘学堂. 彩陶与青铜的对话 [M]. 北京：商务印书馆，2016：2.

长石和石英等三种矿物或含有一些白云母和云母的瓷石为原料所制成的。黏土主要是由黏土矿物所组成，如高岭石、多水高岭石、蒙脱石、伊利石等，其中以高岭石最为常见。

高岭土是一种非金属矿产，是一种以高岭石族黏土矿物为主的黏土和黏土岩。因呈白色而又细腻，又称白云土。高岭土具有可塑性，其与水结合形成的泥料，在外力的作用下能够变形，外力除去后，仍能保持这种形变。而且高岭土具有结合性，与石英砂结合后依然可塑。

高岭土也具有很好的耐火性，纯高岭土的耐火度一般在1700℃左右，高岭土的耐火度最低不低于1500℃。高岭石的加热相变是硅酸盐工艺中最重要的反应之一。因此瓷器的烧制温度一般不低于1200℃。

三、陶器与瓷器的关系

"陶"字古作"匋"，外从"勹"，象形；内从"缶"，指事。"缶"指大肚子小口的粗陶。"陶"字表示缶在窑里烧的意思。据东汉许慎《说文解字》的解释是"瓦器"。西汉司马迁《史记》上也说"匋，瓦器也"。"瓷"字是后来才出现的，"瓦"指"陶"；"次"意为"（工艺的）下一阶段"。"瓦"与"次"联合起来表示"陶的下一阶段"。因此，"瓷"是在制陶的基础上发展而来的。只不过瓷器相较于陶器来讲，原料和烧造温度都不同。

陶器和瓷器是两个不同的品种，从胎骨、釉料和烧成火候都有较大的区别，但两者在发展过程中是有联系的。因为釉料的最初试烧是在瓷胎尚未制作成熟之前，而是在较为普遍的陶胎上试烧成功的。

用现在的标准来衡量，釉陶是泥质胎骨，烧成温度一般不超过1000℃，较易吸收水分，釉料为低温釉或不施釉，胎质不透明。而瓷器的胎骨则以白色高岭土、长石、石英等瓷石构成，烧成温度高达1200℃，吸水率低，敲打时发出清脆的金石声，呈半透明状。

关于我国陶瓷发展的规律以及陶与瓷的区别，长期以来在陶瓷领域中一直流行着"陶瓷同源"与"陶瓷异源"的说法。"同源论"认为瓷器是从陶器产生出来的，不承认陶与瓷在原料上的本质区别。主张从陶器发展成瓷器的过程中经过了一个"釉陶"阶段，把瓷器的起源定在魏晋时期，而把商周时期的青釉器称作釉陶。但是，通过对商周遗址和墓葬中逐渐出土的大批青釉的考证，在陶瓷领域中又产生了一种"陶瓷异源"的说法，认为陶是陶，瓷是瓷，陶与瓷因原料的不同，无论在什么条件下，陶是不可能发展成瓷的。陶与瓷是两条平行线，互无关系地各自独立向前发展。持这种观点者把瓷器起源的时代定在商周时期，只是此时瓷器技艺还处于原始阶段，故称这时的瓷器为"原始瓷器"。"同源论"和"异源论"由于在陶和瓷的关系上有着根本的分歧，因而在陶与瓷的区别上也产生了上述不同的说法。

从我国各地出土的商周青瓷来看，这些器物已基本上具备了瓷器形成的条件，应是属于瓷器的范畴。随着商、周王朝统治范围的逐渐扩大和商、周文化与周围各族间的文化交流和相互影响，原始瓷器的烧制工艺在原始陶工艺的基础上得到了改进与提高。原始瓷器和白陶器与印纹硬陶相比，它有着坚硬耐用和器表有釉不易污染及美观等优点。考古资料表明，真正的釉陶不是在商代出现，而是从汉代才开始有的。在"釉陶"还未出现以前，由于瓷器有釉的优越性，逐渐为人们所重视，于是陶器上也开始施釉，在这种情况下"釉陶"才出现。因此确切地说，不是瓷器从釉陶发展而来，相反是陶器受到了瓷器的影响，才出现了陶器上加釉及釉陶的产生。长期以来由于对陶与瓷区别关系的不同看法，因而产生了不同的认识。据此，中国陶瓷发展的进程和陶与瓷的关系，应是陶器的出现与发展促进了瓷器的发明，而瓷器发展以后，反过来又影响了陶器。

第二节　陶瓷的包装功能

商代出现了原始瓷，代表了一个真正意义上的瓷器时代的到来，在之后的各个历史朝代，陶瓷作为一件容器用途广泛，影响深远，如陶瓷用作酒类、茶类容器的包装，成为一种容器器皿。随着时间的推移，陶瓷的功能不仅是日用品，也演变成为艺术品被人们所收藏，陶瓷由功能性转变为观赏性，陶瓷实用性与艺术性的结合让我们重新思考陶瓷包装的新概念。

一、陶瓷包装容器概述

为运输、仓储或销售而使用的盛装内装物的容器称为包装容器，它起到盛装、保护内装物的作用❶。现代较为常见的包装容器是玻璃、塑料，相对于这二者，陶瓷拥有其独特的优势和无可比拟的传统文化气息。陶瓷包装容器是陶瓷材质的包装容器。相对于玻璃包装容器，陶瓷生产耗能不高，能够承受剧烈的温度变化，且加工成型方式简单。陶瓷成型可以使用模具，这大大加快了生产速度和产品规格的统一性。

陶瓷容器的造型、色彩美观，极具乡土气息。它的耐火、耐水、隔热性能均优于其他包装容器，而且具有优良的耐药性和刚性，不存在变形、收缩或者时效劣化的危险。其原料易得、造型容易、对环境无害，作为包装容器具有很多优点。

中国古代器皿造型样式的发展，经历了从无到有、从简单到复杂、从单一到多样的过程。从新石器时代的陶器开始，中国的器皿造型样式即已初显自己的特色。在此基础上，历经上万年的发展，中国古代器皿造型样式独树一帜，自成体系，构成了一脉相承的发展谱系。在这一过

---

❶ 蔡惠平，等.包装概论[M].2版.北京：中国轻工业出版社，2018：41.

程中有的器型样式相延始终，有的中途消失，有的隔代繁盛，期间并不是一个简单的线形发展，而是整体面貌几经改易、承传断裂拼合，主体解构又重组，呈螺旋形上升的演化轨迹。

陶器是人们最早使用物理和化学手段改变物质性质而制作的容器，它的出现是中国古代器皿造型样式发展史上划时代的大事。陶器与以前其他材质的器皿相比可塑性大为提高，减小了实现理想造型的难度，极大地释放了人们在造型样式设计方面的创造力。陶制容器在相当大的程度上奠定了中国古代器物造型样式的基础，其影响一直延续至今，当今社会仍在使用的一些器皿造型样式可以追溯到古陶器。在古代器皿造型样式发展过程中，漆器、青铜器、瓷器、金银器等新材质器皿出现时都直接或间接地借鉴了陶器造型的样式。

二、陶瓷包装容器的分类

陶瓷因其成本低、可塑性强以及造型精美，成为现代包装行业中一种十分常见且重要的包装材料，并被广泛运用于酒类、食品以及化工行业。

（一）按原料不同分类

按原料不同，陶瓷包装容器可分为：①粗陶器，原料主要是含杂质较多的砂质黏土，坯质粗疏、多孔、表面粗糙、色泽较深、气孔率和吸水率较大，表面施釉后可作为包装容器，主要用作陶缸；②精陶器，原料主要是陶土，坯体呈白色，质地较细，气孔率和吸水率也较小，常用作陶罐、陶坛和陶瓶等；③炻器，也称半瓷，其主要原料是陶土或瓷土，坯体致密，已完全烧结，但还未完全玻璃化，基本上不吸水，又可分为粗炻器和细炻器两种，常用作陶坛、陶缸等；④瓷器，原料主要是颜色纯白的瓷土，是质地最好的容器，组织致密、色白、表面光滑、坯体完全烧结，完全玻璃化，吸水率极低，对液体和气体的阻隔性好，主要用作瓷瓶等。

（二）按造型不同分类

按造型不同，陶瓷包装容器可分为：①缸类，这是一类大型容器，它上大下小，内外施釉，可用于包装皮蛋、盐蛋等；②坛类，这类容器容量也较大，有的坛一侧或两侧有耳环，以便于搬运，其外围多套柳条筐、荆条筐等，以起到缓冲作用，常用来包装硫酸、酱油、咸菜等；③罐类，容量较坛类小，有平口与小口之分，内外施釉，常用于包装腐乳、咸菜等；④瓶类，这是陶瓷容器中用量较大的包装容器，其造型独特，古朴典雅，图案精美，釉彩鲜明，主要用于高级名酒的包装。

三、陶瓷包装容器的艺术体现

早在战国时期，中国妇女即开始采用铅粉之类物质进行化妆，而伴随着化妆品的出现，化妆品容器也随之出现。古代化妆品的容器主要有漆盒、陶瓷盒以及布袋，陶瓷盒的用途非常广泛，而盛装各类化妆品是其主要用途之一。战国时期已发现有陶盒，可能被用于化妆品容器。汉代以后，瓷盒成为普遍生产的陶瓷器皿，特别是到了宋代，瓷盒生产更是达到了巅峰，这与宋代女性化妆成风有直接关系（图1-3）。

图1-3 （宋）景德镇制影青瓷石榴形粉盒

盛装化妆品的瓷盒通常称为粉盒，用于盛装粉料、胭脂、油、香料等。在宋代流行各种青瓷、白瓷和青白瓷质的粉盒，精美的瓷粉盒成为实用性与艺术性的结晶。在景德镇窑所产的粉盒中，还有一类双连、三连的粉盒，也是较为常见的品种。安徽博物院收藏的一件影青釉堆塑莲荷纹三连盒（图1-4），盖上堆塑莲花、荷叶、莲蓬头等，造型精妙，代表了宋代景德镇窑高超的塑形水平。对于三连的粉盒，有学者认为，正好分别用于盛放红色胭脂、白色香粉和黑色画眉颜料三种化妆品，既实用又美观。

图 1-4 （宋）影青釉堆塑莲荷
纹三连盒

明清时期，瓷粉盒依然流行，且装饰更为华美，一直流传至民国时期。在国外甚至连香水这些高档化妆品也开始采用陶瓷作为容器包装，相对于玻璃，陶瓷有更多颜色，这种装饰形式对消费者尤其是女性客户很具有吸引力。

第三节　中国主要陶瓷产区及其发展

在千年发展的历史进程中，中国陶瓷产业的地理分布呈现集中化，形成了多个传统陶瓷产区。近年来，又因为主要陶瓷产业的转移，新兴陶瓷产区的数量猛增。

一、江西景德镇产区

江西景德镇生产瓷器的历史源远流长，唐代烧造出洁白如玉的白瓷，便有"假玉器"之称。在宋代获御赐殊荣，景瓷驰名天下。之后，历经元、明、清三代，景德镇成为"天下窑器所聚"的全国制瓷中心。至清代康熙、雍正、乾隆三朝，景德镇瓷器发展到历史巅峰。

在景德镇，一般的陶瓷产品以白瓷著称，素有"白如玉，明如镜，薄如纸，声如磬"之称，品种齐全，曾达3000多种品名，大量的品种属于艺术陶瓷、生活用瓷和陈设用瓷。

工艺特点：在装饰方面，这些陶瓷瓷质优良，造型轻巧，装饰多样，有青花、釉里红、古彩、粉彩、斗彩、新彩、釉下五彩、青花玲珑等，其中尤以青花、粉彩产品为大宗，颜色釉为名产；釉色有青、蓝、红、黄、黑等类，品种众多。

二、广东佛山石湾产区

广东佛山石湾产区是我国最大、最重要的陶瓷生产基地。石湾制陶的历史早在原始社会新石器时代就开始了，到唐宋时期已经非常发达。自明代起，石湾的艺术陶塑、建筑园林陶瓷、手工业用陶器等不断输出国外，在明清两代达到鼎盛。这里有源远流长的陶文化底蕴，是岭南文化的重要组成部分，历来有"南国陶都"的美誉。改革开放后，石湾陶瓷范围更广，品种更多样，规模更庞大。

工艺特点：以陶塑、瓷雕、建筑陶瓷、卫生陶瓷为主，工业水平高，机械化程度高。

三、广西北流产区

广西北流为中国陶瓷之乡，有日用陶瓷企业56家，日用陶瓷产量占广西的26.3%，出口量占广西的86%，成为我国新兴陶瓷产区和重要出口基地，是我国日用陶瓷四大产区之一。北流陶瓷始于夏商，发展于20世纪80年代，壮大于近几年，是北流五宝之一。

工艺特点：产品包括中餐具、西餐具、茶具、咖啡具、航空瓷具、酒店瓷具、旅游礼品瓷具、艺术瓷具、微波餐具九大系列，主要有日用细瓷、炻瓷、高档瓷三大类。

四、福建泉州德化产区

福建德化位于福建省中部泉州市戴云山腹地，瓷土资源丰富，水源充足，交通运输方便，是烧制瓷器的理想之地。德化是中国陶瓷文化的发祥地之一，德化窑是我国古代南方著名瓷窑。这里的陶瓷制作始于新石器时代，兴于唐宋，盛于明清，一直是我国重要的对外贸易品，与丝绸、茶叶一道享誉世界，其技艺独特，至今传承未断，为陶瓷技术的传播和中外文化的交流做出了贡献。因窑址位于福建省泉州市德化县而得名的德化陶瓷产业集群形成了传统瓷雕、出口工艺瓷、日用瓷并驾齐驱的发展格局，现有陶瓷企业1400多家。

工艺特点：在继承发扬刻花、划花和印花等传统装饰技艺的同时，充分利用德化白瓷质地纯白、杂质少等特点，大胆创新，大量使用堆花、贴花和刻写诗词美句等装饰技法，装饰艺术十分精湛，装饰手法丰富多样，成为其瓷器的艺术特色。

五、江苏无锡宜兴产区

江苏宜兴烧瓷历史悠久，陶瓷是其传统工艺品之一。秦汉时期，宜兴地区陶窑密布；两晋时在均山烧青瓷，唐初在归径等地大量烧制，至晚唐、五代成为南方著名的青瓷窑；宋元时期，丁蜀与西渚一带大规模烧造日用陶和早期紫砂；明清时期成为当时的烧陶中心。从明武宗正德年间开始将紫砂制成壶以来，名家辈出，500年间不断有精品传世。

工艺特点：以紫砂陶（壶）为主。

六、山东淄博产区

淄博是位于山东省中部的新兴工业城市，是驰名世界的瓷都之一，是古齐国的都城。淄博所生产的琉璃品和陶瓷制品不仅享誉国内外，还有着悠久的陶瓷历史传统。早在公元前5100年，山东淄博就有了制陶业。从发掘出的北辛文化遗址来看，在公元前4000年的大汶口文化时期，山东淄博的制陶技艺已达较高水平。

可以说，大汶口文化时期，淄博已成为山东制陶业的良好开端。而稍晚的龙山文化时期，山东制陶业已可以生产出黑色磨光、薄如蛋壳的黑陶，表明山东的制陶技艺已达到了相当高的水平。

工艺特点：以刻瓷见长，造型古朴，装饰新颖，色彩绚丽。在釉色的研究方面，成就尤为可观，不仅恢复了早已失传的茶叶末釉、雨点釉、云霞釉，还创造出了新的鸡血红釉、红金晶釉、金星釉和几十种黑釉系窑变花釉。

七、河北唐山产区

在明代永乐年间，先后有山西省介休和山东省枣庄等地的居民移居唐山，带来了制缸技术，群集于市区东北的两个地段，利用当地的原料和燃料生产缸类产品，两地分别取名为东缸窑和西缸窑。这里当时只有粗陶，清末开始有粗瓷，后来略产细瓷，其产品有500多种，有餐具、茶具、酒具、瓶、盘等日用细瓷和陈设品等。到了清代光绪年间，唐山开始生产棕釉粗碗，并有施化妆土的灰胎白瓷和少量仿古瓷应市。此后，在现代工业的影响下，20世纪20年代唐山启新瓷厂开始生产不施化妆土的白瓷。20世纪40年代唐山陶瓷业衰落，20世纪50年代得到恢复，并形成综合性的陶瓷生产体系，进入全国陶瓷大型生产基地行列，日用陶瓷于1956年开始出口，1979年唐山瓷开始进入国际市场。

工艺特点：骨瓷瓷质润泽、光灿莹洁、胎质细致，白玉瓷瓷质细腻、釉面光润、白中泛青。装饰的主要技法是雕金、喷彩、釉中彩等，形成了自己的独特风格。

八、其他产区

我国陶瓷其他产区有辽宁省沈阳市法库县、山东省临沂市，山西省阳泉市平定县、介休市、怀仁市、晋城市阳城县，河北省石家庄市高邑县、邯郸市，广东省梅州市大埔县、廉江市、河源市、清远市，江西省萍乡市、高安市和丰城市，福建省福州市闽清县，湖南省醴陵市，四川省乐山市夹江县，浙江省温州市，安徽省马鞍山市含山县等。

有关资料显示，中国的陶瓷人均拥有量明显高于世界人均陶瓷拥有量，但中国的人均艺术陶瓷产品拥有量并不是很高。尽管中国已是第一大陶瓷出口国，但人均出口份额还是明显偏低。如果以90％的产量内销来计算，用不了几年，以产量过剩为特征的陶瓷危机就会全面出现。但是，陶瓷产业的发展还是空间巨大、商机无限的。

第二章

陶瓷包装容器设计概述

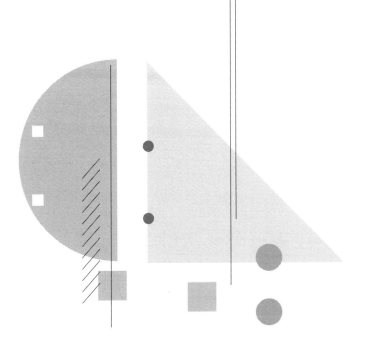

包装设计文化是民族文化的一个有机组成部分，民族文化在包装设计过程中起到了不可忽视的作用。民族文化具有高度的艺术造型价值。民族文化的内涵是设计作品的生命之所在，如果脱离了这样的文化内涵，设计就成了无源之水，无本之木，设计作品就失去了生命力。

第一节　包装概述

包装在现代生活中无处不在，各种各样科学、合理而又富有美感的包装设计给人们的生活带来了使用的便利和视觉的满足。随着经济、社会、文化、科技的不断发展进步，具有生命力的包装往往紧跟时代的步伐，不断地适应市场竞争。

一、包装的定义

包装作为产品的"外衣"，是产品销售的重要组成部分。正所谓"立象以尽意"，包装设计"表达的根本任务是通过言、象这种媒介去'尽意'，去抓住事物的根本，了解事物的深意，重在体会那种言外之意，弦外之音。如果仅停留在'言''象'的表层，那么这种言、象就成为一种外壳，没有用处，就失去了媒介的作用，丧失了'明象出意'的功能"。❶

按我国的国家标准《包装通用术语》对"包装"的解释，包装是指为了在流通过程中保护产品，方便储运，促进销售，按一定技术方法而

---

❶ 闫如山.立象以尽意：关于高校设计色彩教学的探索 [J].科技信息，2008（36）：217.

采用的容器、材料及辅助物等的总体名称，也指为了达到上述目的而在采用容器、材料和辅助物的过程中施加一定技术方法等的操作活动。《文心雕龙》中说"装者，藏也；饰者，物既成，加以文饰也"，也就是说包装是由容器和装潢组成的。但是从市场营销角度看，包装是凭借色彩、形状、设计与商标、文字等一切形式所烘托、酝酿出来的具有促销作用的心理价值体现。从这一点讲，"搞好商品包装，就在于提高商品在消费者心目中的心理价值，促进商品的销售" ❶。

二、陶瓷包装容器的定义

作为艺术国粹，陶瓷艺术在其发展的历史长河中，总是以实用与文化观念相结合的形式呈现。所谓"形而上之谓道，形而下之谓器"，陶瓷的发展过程，就是其以形而下之物质形态承载形而上社会文明的过程。在原始社会人们就用土陶罐盛装粮食、水或酒。到了封建社会，陶瓷器皿作为酒类容器已是司空见惯。陶瓷因其材质属性是我国的传统包装材料之一，古代的酒类包装多采用陶瓷。

一般来说，陶瓷包装容器是指以黏土为主要原料，经配料、制坯、干燥、上釉、炽烧而制得的具有一定容积的可盛装、包裹以及储藏、运输物品的外包装容器，一般用于陈设观赏的陶瓷品、盛装器皿不包括在内。因此，并非所有的陶瓷容器都可以算作陶瓷包装容器。严格地讲，只有用于商品流通和与商品一起进入消费终端的陶瓷包装器物才能称为陶瓷包装容器。它是为了容纳、保护和转移物资，方便消费，促销产品而从属于物品之外进入流通环节的，是商品的有机构成部分。

陶瓷容器设计是一种具有文化意味的形式，以文化观之，强调道器合一。陶瓷容器设计既是文化的设计也是造型的设计，陶瓷容器设计蕴含了传统文化意味，体现了当代设计审美观念。从《易经》开始，中国

---

❶ 范丽青. 浅论陶瓷包装的促销作用 [J]. 江苏陶瓷，2007（4）：22.

古代传统中是道器并举，形而上与形而下作为哲学的概念而相互依存。陶瓷容器是在长期的社会发展过程中被制造出的器物，既是当时技艺的呈现，也是当时文化精神和审美理想的载体。正是这一属性，使得陶瓷以一种包装容器承载文化成为可能。

第二节　陶瓷包装容器设计的造物思想

在中国传统造物思想中，处处闪现着追求"和谐"的理念。中国传统造物思想的和谐观对当代设计具有重要启示。它启示当代设计师在进行设计时要重视设计、人、环境的协调和融合，从而最终实现人—设计—环境三者的整体和谐。

一、造物思想在陶瓷设计中的显现

我国陶瓷独特的文化蕴涵和鲜明的民族文化特征共同构成了中国陶瓷文化的主要内容。在《说文解字》一文中讲到"规，有法度也；律，均布也"，说明这些思想也约束着传统的造物思想的准则和尺度。这也揭示了陶瓷包装容器设计中造物思想的内在关系，就是物尽其用。

古人认为有一个创造万物的神力，即造物。中国传统造物文明发源于中国传统文化历史的长河之中，从为了生存的生活化造物，到为了生活的艺术化造物，所体现的都是华夏各民族长期的生产实践，以及智者思想的概括与精炼。

中国传统制器工艺的产生源于早期的人类设计文明，人类漫长的历史演进与文化融合、碰撞，形成了物质与精神文明高度统一的传统设计文化。中华大地上的先民，为了生存与适应自然环境，结合当时的社会生产技术，积累了原始的生存智慧和对自然事物的物理认识，这些知识为传统制器思想的产生打下了良好的实践基础。

《周礼·冬官考工记》（其后简称《考工记》）作为我国第一部介绍手工技艺的古代科技典籍，涵盖了中国传统工艺科技的丰富内容，代表着先秦科技结构的发展方向。书中分别对官营手工业和家庭手工业进行了详细论述。

《考工记》中曾对造物记载："天有时，地有气，材有美，工有巧，合此四者，然后可以为良。材美工巧，然而不良，则不时，不得地气也。"自古以来我国传统的造物设计就讲究天时、地利、材质以及技巧，尤其材料需要有致，制作手法要精细巧妙。

中国古代的哲学思想志在"闻道"，"道"即真理，也是人类所追求的最高智慧。中国传统制器的发展以生产、生活为背景，以实用功能为主导，人们发现工具、使用工具的过程便隐含着造物思想"知"的萌芽，人类在认识事物的过程中学会了辩证、总结和道述，也实现了人类认知事物从"知"到"智"的升华。"知"即认知事物，春秋战国时期，诸子百家思想各显锋芒，出现了百家争鸣的繁盛景象，百家坐而论道，激发了人类对知识的认知、探求的渴望。最终成就了经典思想的论证和沉淀，并凝结为中华传统造物智慧的先进哲学。

孔子认为"生而知之者，上也；学而知之者，次也"反对"不知而作"。老子的道家思想认为人生在世，自然而然便有了智慧，《道德经》16章中阐述："万物并作，吾以观复。夫物芸芸，各复归其根。归根曰静，是谓复命。复命曰常，知常曰明。不知常，妄作凶。"墨家以"节用"和"有利"的原则来确定造物的尺度和范围，省工省料，用途便利，才是好的设计。先秦诸子的造物思想，多寓意在其经济思想之中，且借物咏志的手法屡见不鲜。

以中国古代哲学思想为轴心的造物文化，是对自然、社会、人生共同本原的透视和提炼，是人类认识事物、改造事物能力的体现。古代器物在功能与结构间的依存关系研究，材质的物性对功能的影响，形态与人之间的关系把握都甚为考究。

从东汉思想家王符于《潜夫论·务本》中提出的"百工者，以致用为本，以巧饰为末"这个观点，可以看出自古以来传统的造物思想就是致用以及装饰相结合。中国传统文化提倡简约思想，形成了极具民族特性的造物思维，即"节制与实用的美学品格"。

现藏于北京故宫博物院的北宋定窑"白瓷婴儿枕"（图2-1）就是功能与形态结合、材质物性成就器物功能的优秀范例。此枕呈孩童卧状，头枕于左臂上，臀部翘起，形神俏皮，中间腰部下凹为枕面，可巧妙地实现承托人入睡时头部的功能。从物性特征上看，"瓷"清凉沁肤，圆润光滑，消暑助眠，结合匠人设计的圆润器物形象，实现材质物性与使用功能间相辅相成的结合。而且这个器物还蕴藏着"枕石漱流"的文人情怀以及华夏物质文明的智慧。

图2-1 （北宋）定窑白瓷婴儿枕（北京故宫博物院藏）

随着长时间的历史积淀，材料有致、技法精巧一直是贯穿整个历史的造物设计准则，这个准则也是中国造物设计的永恒准则。古人制器对器物材质与功能的关系把握精准，且工艺较为考究。材料选取与材质物性相结合，实现产品形式与功能的相辅相成。力求材尽其用，这是造物取材有巧，用材有度的理念诠释。

明代宋应星的《天工开物》是我国古代重要的科学技术文献之一，比较全面地记述了明代及明代以前的农业、手工业的生产技术成就和经验，形成了一个比较完整科学的体系。《天工开物》共三卷十八篇，所述内容涉及农业和工业近30个行业的技术，设计制造的分类已经十分完备细致。《天工开物》中体现了顺应自然、物尽其用的和谐、系统的造物观，即自然界的行为与人类活动相协调生产，人类借助一定的技术手段从自然资源中开发一定的物产来为己所用。

从严格意义上说，材料的质量以及工艺的水平有着相辅相成的关系，更是蕴含着一种和谐统一的思想哲理。"适度、合适、适宜"正是这个原则所在，这也恰巧符合了中国传统思想的"天人合一"自然法则，以及物尽其用的设计原则。这种材料优质、做工精巧的造物原则也会随着时间的推移，进而随着时代的文明进行推进，科学技术的发达以及人造材料的涌现，自然地将其拓展开来。而包装设计需要涉及材料工艺学，这就要权衡材料与工艺之间的平衡，只有取得当中的平衡才能体现中和之美。

造物艺术思想，是人类造物过程中的指导思想，它不仅包含着造物过程中造物者的原则、依据和预想，同时也表现为被造物者所创造出来的"物"所折射出来的社会思潮、科技文明、历史文化。

二、由"俗"到"雅"的陶瓷包装容器设计

早期陶质包装容器造型几乎全部以圆形为主，与当时的容器成型方式和生活实践有关。不同时期的包装器物结构、装饰工艺、材料特点、烧成等方面都间接反映了当时社会的科学技术、手工业、商业、交通、外交、工艺美术、宗教、哲学等信息。外圆内方、道气并重、以形写神、实用美观是传统陶瓷包装容器的整体造型特征。其形式的发展演变具有一定的规律性，受当时的生产力水平和工艺手段限制，手工文化符号也成为了传统陶瓷包装容器与现代陶瓷包装容器的一个重要区别。

材料优质、工艺精巧不仅是古代先民对工艺特性还有材料属性的认知，更是传统的造物准则，这一准则在融入中国造物设计美学秩序和工艺法则内的同时，也权衡了传统工艺审美的尺度❶。从当代陶瓷包装容器的设计来看，其高度发挥了材料的特点，设计者们深知工艺材料取自大自然，只有材料品质优良才能制造出好的产品。从某种意义上来看，

---

❶ 米丽莎. 中国传统造物思想对陶瓷包装设计的影响 [J]. 陶瓷研究，2019（4）：73.

第二章　陶瓷包装容器设计概述

21

这也恰恰符合材料优质、工艺精巧的造物思想。

中国传统的造物准则，是我们民族千百年来流传下来所固有的、切实的造物基础，也时时刻刻影响着陶瓷包装设计的工艺美学体现。

第三节　陶瓷包装容器设计的影响因素

陶瓷工艺及陶瓷包装容器设计都具有时代性，要想深入了解陶瓷包装容器的特性和内涵，需要对相应的影响因素进行研究。

一、工艺技术

（一）工艺技术与设计发展

工艺技术是影响传统陶瓷包装容器设计发展的根本因素。钱学森曾经说过，设计犹如一枚硬币，一面是技术，一面是艺术，可见技术对设计的影响之深。毫不夸张地说，没有技术，任何设计都不可能实现，它是设计师实现设计的有力保障。如果缺乏技术，任何设计师的创作只能停留于构思阶段而不能将其物化，再高明的陶瓷工艺制作者也难以造出优良的陶瓷包装容器。因此，对于传统陶瓷而言，技术即工艺。自陶与瓷出现以后，在不断的造物实践中，形式多样的陶、瓷的制作与装饰工艺层出不穷，且随着时间的推移日渐成熟与精进。例如，制瓷工艺和烧制方法的进步，为陶瓷制作者和包装设计人员提供了广泛的艺术表现空间。我国是世界上最早发明和使用瓷质包装容器进行食品封存保鲜的国家。在我国，陶瓷容器作为硬质包装材料用于物品包装，不但历史悠久，而且品类纷繁复杂，技艺精美绝伦，形态绮丽多姿，内涵广泛深厚。可以说，陶瓷包装容器是我国陶瓷和工艺美术领域的重要物质形态。

（二）工艺技术的推动

制瓷工艺和烧制方法的进步，推动了传统陶瓷包装容器造型及功能的发展变化。在原始社会早期，制作陶器的方法较简单。到了新石器时代早期，制作陶器的方法为手工操作，首先捏成器形，然后抹平表里，最后放入火中烧制。一般小型陶器直接用手捏制，大型陶器便采用泥条盘筑法。古人制造陶器时首先考虑的是该包装容器的烹、煮、饮、食、盛等实用功能。直至新石器时代晚期，陶器采用轮制的工艺制作，由手工法向轮制法转变，是一个较大的技术革新；同时封窑技术已被掌握，造型由原先的简单几何、半圆、圆形发展到具备盖、足、座、肩、腹、流、口等多种结构的组合形式，罐、瓶、碗、瓮等品种也相继出现。包装容器的造型各式各样，这些容器拥有流畅的线条，优美匀称的造型，实用的功能，大大地丰富了人们的生活。这些用来保存和运输食物的材料、工具具备了现代包装保护与储运的功能，可以说是最早的原始包装。

从商代中期的原始瓷器开始至东汉晚期，中国古代劳动人民经过1000多年的艰苦探索，终于发明了真正的瓷器，中国古代包装的实用器皿主角也由陶器转换为瓷器。直到宋代，民间手工业的发展如火如荼，在商品竞争中各地纷纷采用新工艺、新技术，形成了各具特色的手工业生产体系，包装市场繁荣，包装工艺各具特点，且精益求精。

随着制瓷工艺的进步，装烧方法也在不断改进，陶瓷包装容器的造型也在发生着相应的变化。中唐以前，多采取明火逐层叠烧，陶瓷器很厚重，内外底均留有支烧痕。晚唐以后，运用匣钵装烧，加上成型技术有了提高，因此陶瓷器型规整，坯体显著减轻。五代时，采用了支钉烧且支在不显眼处，所以烧成了满釉瓷器。景德镇五代时采用多支钉叠烧无匣装烧工艺，用耐火土作钉。宋代窑口多，支烧方法也多，有垫饼支烧、刮釉叠烧、裹足满釉支钉烧等。北宋早期以单匣仰烧为主，包装器物造型为底厚口缘薄，圈足底壁较厚，能承重。北宋中后期和南宋时期，由于定窑支圈组合式覆烧方法的普及，包装器物口向下覆烧，故口沿部加厚，中下部修薄，圈足变小，足墙细而矮，以减少器物口压力。元代垫饼与坯之间用砂隔开，烧后包装器物底粘有砂颗粒等。

制陶或制瓷技术的进步在陶瓷包装容器设计上的反映，一方面是使陶瓷包装容器设计更符合人体工程学，方便人使用，趋向于满足功能的需要；另一方面是能够使其与时代背景下商品经济的发展紧密衔接。与此同时，技术的进步也能更好地将时代思想观念和审美情趣通过陶瓷包装容器设计完美地诠释出来。

（三）工艺技术的制约

工艺技术的制约是导致各地陶瓷包装容器设计风格产生差异的重要因素。以陶瓷原料来看，北方原料含钛较高，故采用氧化焰烧成，烧后呈"白里泛青"。北方的原料可塑性强，干燥强度高，在干燥烧成时不易变形，便于设计无肩撇口的包装容器，盖子可设计得平一点，底脚弧度设计得大一点。而南方的景德镇瓷原料可塑性差，干燥烧成时易变形，不便用来设计无肩撇口的包装容器。同一彩瓷由于彩料来源的不同也会影响陶瓷包装容器的风格，如明永乐年间采用南洋的"苏麻离青"料和明成化年间采用乐平"平等青"青料的青花瓷，呈色显然不同，"苏麻离青"烧后呈浓艳的青蓝色，"平等青"烧后呈淡雅的青色。

我国北方生产瓷器的年代略晚。东晋南朝时期的动乱局面使中原一带遭受严重破坏，在这以前，关中、中原地区曾是中国的政治、文化、经济中心。由于局势动乱，陶瓷业的衰退也在所难免，制瓷业的出现一直拖延至北朝时期。但这一时期却令人惊喜地出现了一种独特且对后世有深远意义的陶瓷品种，即白瓷。清朝末期，社会生产力停滞，各种传统的手工技艺也在社会环境的束缚下衰落下来。陶瓷手工业和技艺也是如此，只有景德镇表现出繁荣的景象，其他各地的名窑都已一蹶不振。从19世纪中叶开始到20世纪初将近半个世纪的时间，中国社会动荡，中国陶瓷手工业在封建官僚的残酷盘剥和西方洋瓷的排挤下，受到严重摧残。具有悠久传统的陶瓷工艺由停滞走向衰落，中国沦为西方资本主义列强的洋瓷倾销市场，这一状况一直延续到中华人民共和国成立。

二、贸易繁荣

贸易的繁荣是推动传统陶瓷包装容器设计的外在因素。中国陶瓷包装容器适应陶瓷商品交换已有几千年的历史，出口陶瓷自唐代以来，也有1000多年的历史。

汉代从事贩运贸易的大商人贩运的大多是陶瓷等高档的奢侈品。唐代的对外贸易以陆路为主，辅以近海贸易。其陶瓷包装容器的设计明显受到外来经济贸易的影响，许多陶瓷器皿造型独特、图案精美，有些还带有浓厚的西域风格。

宋代以后，远洋运输技术逐渐成熟，具有陆路运输和贸易不可比拟优势的远洋贸易逐渐发展。在元、明、清时期的对外贸易中，瓷器成为欧、亚、非市场上与丝绸并驾齐驱、并获得最高美誉度的中国商品。明代时，在欧洲等地，景德镇瓷器的价格一度与黄金等齐，以致当时欧洲各国商人沿新航线涌向中国及其近海。清代前期，以景德镇瓷为核心的中国瓷器出口达历史最高峰，出口总量超过了丝绸，与茶叶一并成为出口最多的中国产品。

不同时期有不同的包装形式，这在一定程度上取决于设计的外在因素及该时期的经济贸易状况。总之，陶瓷是一种经济载体，是中国经济贸易发展的标志。通过对我国传统陶瓷包装容器发展演变的详细解剖，不难发现，贸易的发展与繁荣是推动传统陶瓷包装容器发展的外在动力。

三、思想文化观念

思想文化观念是影响传统陶瓷设计的内在因素。我国是一个统一的多民族国家，每个民族都有各自的文明和信仰。在长期的发展变化中，无论是出于功能性还是装饰性的需求，陶瓷作为一种思想文化载体，总是表现出一定的阶级性，并与传统思想观念紧密地联系在一起，不同的造型、多样的装饰纹样等均承载着深厚的设计思想与文化观念。

古人之所以要制陶，主要是为了满足生存需要，他们把陶器分为汲水器、饮食器、贮藏器、炊煮器等。随着生产力的发展和人们生活水平的进一步提高，人类开始对满足基本生活保障以外的事物如人类自身、社会以及周围的世界进行思索。因此出现了各式各样反映人类精神需求的陶器。如不同造型、功能的陶制礼器，具有不同人文因素的陶制用品。到了战国时期，礼器用品采用陶代铜已成为习俗。文化环境中出现的"礼崩乐坏"现象，导致一些新颖的陶器造型相继出现。

秦汉时期实施了思想统一运动，"罢黜百家、独尊儒术"和中国文人的审美最高标准的"中和之美""中庸之道"在陶瓷艺术中得到了充分的体现。汉代陶瓷包装容器采用的矩形设计就充分体现了儒家的审美标准，更是实用功能与审美外观的结合。铺首衔环的壶肩，方正的外形看起来特别优美。作为饮酒器的壶，其圆形腹部可使容量增加。这些体现功能与形式统一的陶瓷包装容器造型在汉代尤为常见（图2-2）。

图2-2　辛追墓出土的彩绘陶钫（湖南省博物馆藏）

到宋代，"存天理、灭人欲"的理学思想也深刻地影响着陶瓷包装容器设计。精妙绝伦的宋代陶瓷就是这个时期的产物。这一时期的陶瓷艺术，淡泊含蓄、平淡天真，这种风格成为当时的主流审美倾向。宋代陶瓷包装容器以质朴的造型取胜，很少出现繁缛的装饰。简洁优美的造型风格，恰到好处的比例尺度，使陶瓷成品趋于完美，宋人崇尚的典雅风度和独特的审美意趣得到了充分的体现。如梅瓶（图2-3），颈短口小、逐渐内敛的肩以下部分，线条简洁，其端庄妩媚的形象，宛如亭亭少女，充分展现了宋人的理学审美观念。宋代的陶瓷包装容器，凭借优美的形态驰誉中外。宋代是中国古陶瓷包装容器发展的巅峰时期，中国古代设计思想在其中得到了完美的诠释。

图2-3 （宋）景德镇窑青白釉刻花梅瓶（北京故宫博物院藏）

明代陶瓷包装容器采用传统样式造型，具有简约、朴实、淳厚的风格，突出的是实用效能。到了清代，为了满足上层人士的需求，风格上穷加雕饰，但多是沿袭旧制而乏创新之作（个别精品除外）。虽然清代陶瓷在造型上层出不穷，但从瓷质和实用方面讲，有失瓷器本身的特质，一味求新求异，不惜工本，忽略功效，这一点正是宫廷对官窑的要求。

中国古代设计思想深受封建专制制度的影响。设计领域的方方面面都体现着封建礼教的思想，这样也束缚了设计者的创造力，这使中国陶瓷包装容器的发展演变过程相当缓慢。

同时，陶瓷造型也深受我国传统文化背景和观念的影响，宫廷的、一般老百姓的与边远地区少数民族的陶瓷包装容器，其器物造型各具风格。宫廷的陶瓷包装容器华贵典雅，一般老百姓的陶瓷包装容器简洁朴素，少数民族的陶瓷包装容器有很强的地方特色，且吉祥文化从古至今影响着人们的思想，古代人面鱼纹彩陶盆蕴含着当时的社会生活习俗、图腾崇拜等文化内涵。如享誉海内外的瓷器，或素雅精美，或奢华繁复，其设计的内在因素不仅反映出时代的社会经济状况，更传承了源源不断的中华文化，甚至见证了中外文化的发展历程。

陶瓷包装容器是一种思想文化载体，是中国思想文化的典型代表，其本身也是一种文化。它既是物质产品，也是精神产品；它既有物质的实用功能，也有精神的审美作用；它是科学技术和造型艺术的统一体；各种陶瓷包装容器之间既有个性，也有共性。通过对我国传统陶瓷包装容器发展演变的细致分析，不难发现传统文化在其中发挥着重要的催化作用，成为传统陶瓷包装容器发展的内在动力。

自汉代佛教传入我国以来，陶瓷包装容器设计也深受佛教的影响，佛教文化大大地丰富了我国陶瓷包装容器设计的纹样。常见的有宝相花、缠枝纹、莲花、忍冬、连珠等佛教题材的纹样。在魏晋南北朝时期，莲花作为装饰图案被用在各种陶瓷包装器物上，莲花的装饰效果也从平面转为立体（图2-4）。缠枝纹、宝相花也广泛地被应用在陶瓷包装容器的装饰中。佛教八宝图案的应用同样广泛，从明代后期开始出现，广泛流行于清代。

作为本土文化的道教，其阴阳八卦以及道教故事中的人物和法器也成为明、清瓷器上的吉祥图案。在中国传统文化中，鹤是一种寓意祥瑞和长寿的动物，也是设计师们常用的题材。在陶瓷包装容器设计上，鹤出现得较多，如明宣德时期的"西王母骑鹤图"等，明代弘治、嘉靖、万历及清代康熙年间越来越多地应用。

陶瓷包装容器装饰设计以阿拉伯文、波斯文、梵文作为装饰元素始于明代永乐年间的青花包装装饰。以阿拉伯文、波斯文、梵文装饰的多是青花瓷器，如图2-5所示为青花蓝查体梵文出戟法轮盖罐，罐外壁中间一周梵文为密咒真言，其上下各有8个相同的梵文，代表各方佛双身像中的女像种子字，此种文字组合图案被密宗信徒称为"法曼荼罗"。此器在宣德青花瓷中极为少见，其造型、花纹均充满宗教含义，当为佛教徒做道场时所用的法器，是景德镇专为宫廷烧制的佛事用具。

图2-4 （北齐）青瓷莲花尊

图2-5 （明宣德）青花梵文出戟盖罐（北京故宫博物院藏）

随着宗教活动的不断发展，与宗教相关的各种各样的盖罐、瓶、盒等也相继出现。宋代道教在全国被大力扶持和推行，宋代的陶瓷包装容器无论在艺术质量还是陶瓷产量方面，都取得了较高的成就，其简约、淡雅的陶瓷造型具有独特的魅力。这与道家思想崇尚含蓄质朴、平淡自然的审美是分不开的，典雅、静寂的青色正是这个时期的审美情趣。

佛教、道教作为中国传统文化的重要组成部分，与时代观念息息相关。陶瓷手工业者在借鉴和运用宗教文化的同时，不能照葫芦画瓢，而应该在借鉴和运用的基础上，融入中国传统文化风格后加以创新。

第三章

史前至先秦时期陶瓷
包装容器的发展

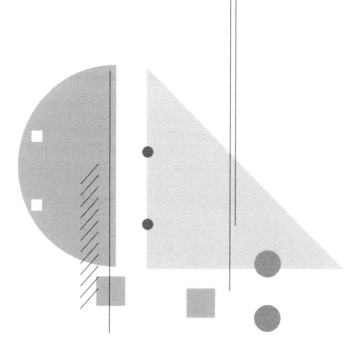

先秦是指秦朝建立之前的历史时代，是指旧石器时代到战国时代，经历了夏、商、西周，以及春秋、战国等历史阶段。在长达几千年的历史中，中国的祖先创造了光辉灿烂的历史文明，其中石器时代的陶器、夏商时期的甲骨文、殷商的青铜器，都是人类文明的历史标志。

陶瓷器皿与人们的日常生活有着极为密切的关系，古代的中国人对陶瓷极为重视，不仅努力完善它的物质属性，更赋予了其包装装潢复杂的精神内涵。从文献的角度看，中国设计思想的源头在先秦诸子及其相关著述之中。可以说，其后的主要思想观念在先秦时期已经发端。

第一节　史前陶瓷包装容器的发展

史前人类的生活实践在物质文明史上具有划时代的意义。最初，人们对包装功能的需求只是停留在最基本的"包"和"装"两部分功能上。对于史前陶瓷工艺、造型、装饰、材料的考察和分析，有利于现代包装设计师对陶瓷包装容器的设计及其应用进行重新思考。

一、原始陶瓷的制作

原始社会是人类社会发展的一个必经阶段，世界上所有民族的文明发展都经历过原始社会。中国的原始社会分为旧石器时代、中石器时代和新石器时代，前后跨度几百万年。处于原始社会的人类文明，生产力的水平很低，早期没有剩余的产品资源，也就不涉及对容器器皿的需求。

《史记·五帝本纪》中记载："舜耕历山，历山之人皆让畔；渔雷泽，雷泽上人皆让居；陶河滨，河滨器皆不苦窳。一年而所居成聚，二年成邑，三年成都。"就是说，舜在这些地方耕种、渔猎和制陶，此处使渐渐地汇集了大量的人群，时间一长，就形成了都市。从这里我们可以看到，新石器时代，农业和手工业得到了发展，因此出现了新的生活方式——定居生活。

原始人类在新石器时代早期的居所以半地穴为主，为了让生活环境更加舒适，原始人类用水调和泥土，并掺入稻草河砂之类的材料，再将其涂抹在地穴四壁和地面上，使得建筑表面更加平整，又为了让地面不再潮湿，原始人类还用火炙烤一遍，并在地面铺上干草。可能正是在这种生产劳动中，人们学会了如何淘洗和筛选泥土，有些还会将其用火烤得很坚固。

人们发现经过大火炙烤过的泥土所呈现出的物理状态是多种多样的，有些只是单纯的干燥而已，而有些则有很强的硬度和完整度，可以更加防水以及持续地定型。这一系列的发现都诱使原始人类开始了有意识地实验和设计，最后催生出了原始陶瓷。

人类的历史是从制造工具开始的。在旧石器时代，为了生存，人类利用天然石头原有的造型，简单地加以打磨和削制，以便用其来投掷击打猎物，增加其命中的概率，或是剥分猎物的骨肉，提高工作效率。这种为了某一目的而制造使用工具的造物活动就是原始设计的萌芽❶。

但这只是十分初级的造物活动，在接下来的中石器时代，使用者虽然增强了打磨的技巧，选料的方式也有了进步，石器工具的击中率和速度效率也提高了。但是，这类造物仍然是停留在对现有材料简单加工利用的层面上，直至陶器的产生。

从现有的考古资料来看，中国原始陶器应该始于距今7000年左右。最早的彩陶发源地在黄河流域，尤其以陕西的泾河、渭河以及甘肃东部比较集中。甘肃东部大地湾一期文化出土的陶瓷，不仅在器形上比较规整，而且绘有简单的纹饰，是世界上最早出现的彩陶文化之一。这一时

---

❶ 张亚林，江岸飞 . 中国陶瓷设计史 [M]. 南昌：江西美术出版社，2016：2.

期已出现陶轮技术，制陶术已成为一种专门技术。半坡文化的彩陶略晚于大地湾一期文化，其纹饰也略为复杂，以几何纹样为主。以陕西、河南、山西三省交界地区为中心的庙底沟文化，彩陶花纹则更加富于变化，以弧线和动感强烈的斜线体现变形的动物形象。日常生活中所常见的鱼、鸟、猪以及人类自身都被作为装饰纹样。这些纹饰的描绘手法都很生动，布局合理，是原始绘画的佳作，也是研究中国绘画史的可靠形象资料。

对于原始陶瓷的产生，有人认为是原始人类为了更加方便地储存食物，便在藤编器具上涂上随处可得的黏土，用以填实缝隙，在偶然的机会中，藤编器具被火烧着了，于是人们发现烧过后的器具只剩下了黏土，但是却更加坚固耐用，于是便开始了原始陶瓷的制作。也有人认为是原始人类在烧烤食物的火坑中偶然发现经过大火长期炙烤的黏土变得坚硬耐用，于是便发明了陶瓷。还有人认为是尧改进了制陶的方法，把敞开的窑坑改成了封闭的窑炉，提高了原始陶瓷的质量，在《千字文》中的"有虞陶唐"的"陶唐"就指代的是唐尧。所以"烧"字的字形是"火"加上"尧"字，而"窑"则是音同于"尧"，组合起来便代表了陶瓷器皿典型的制作手法——"烧窑"，意为"尧在火旁，器在穴中"。

制作陶瓷需要三种原料，即黏土、水及火。其中黏土是造物过程的最终受力者，水和火是造物过程中的施力者。黏土使陶瓷成型，水使黏土得以拥有丰富的可塑性，火使黏土得以改变其化学性质，转土为陶。三者互为依存，缺一不可。而制作陶瓷的前提是人们能够熟知这三种物质的属性和规律，并可以加以控制。

泥土是一种轻易可得的材料，但是并不是随便哪种泥土都可以烧造成器的，能够烧造成器的泥土必须是经过筛选、除去杂质的可塑性较强的黏土，还要有意加入河砂以及稻草末之类的材料，以防止高温加热时发生破裂。陶胎含砂能提高陶器耐热急变的性能，不但能耐高温，焙烧不变形，而且制成的陶器再次受热也不碎裂，可作炊器，如陶罐、陶鼎、陶甑、陶鬲、陶鬶等。如图3-1所示为一个夹砂陶鹰鼎，这说明原始人类在材料的使用上是有选择性的，是根据用途的不同而使用不同的材料来制作陶瓷的。

而原始陶瓷的制作方法，主要是泥条盘筑和轮制法两种。

泥条盘筑是人类最早掌握的制作陶器的成型方法。制作时先把泥料搓成长条，然后按器型的要求从下向上盘筑成型，再用手或简单的工具将里外修饰抹平，使之成器。用这种方法制成的陶器，内壁往往留有泥条盘筑的痕迹。泥条盘筑成型的方法几乎可以制作出其他成型方法所能做出的各种圆形、方形、异形乃至雕塑造型，表现力极强，制作技法简易。

陶器的制作，前期已出现轮制，但不普遍，后期在各个文化系统中普遍使用轮制。轮制法就是运用轮盘的旋转使陶器成型的方法，轮制陶器的特点是器形规整浑圆，胎壁薄，造型美观。轮制法分慢轮成型和快轮成型两种，创始于新石器时代。其初期阶段是在转动的不规整摇摆的轮盘上慢慢进行捏制拍打塑造，制品虽不十分圆整，但大体形状对称。因其制作缓慢，故称"慢轮成型"。至龙山文化时期，轮制工艺有了较大的发展，出现了拉坯成型，标志着轮制法已臻成熟。因区别于以前的慢轮成型，故称"快轮成型"。轮制技术的出现是原始制陶工艺的一个革命，与泥条盘筑法相比，不仅生产力大幅提高，而且所制器皿厚薄均匀，造型规整，器表光润。黄河下游的龙山文化的蛋壳黑陶是这一时期各文化陶器中最杰出的作品，如图3-2所示。

图3-1　陶制鹰鼎（中国国家博物馆藏）

图3-2　蛋壳黑陶高柄杯（中国国家博物馆藏）

新石器时代晚期的陶器以灰、黑陶为主，新石器时代中期阶段盛行彩陶，到晚期阶段趋向衰落，而相应地也出现了专门的陶器制作工具，如研磨盘、陶拍、骨刮刀等。

二、包装的起源

包装的起源与人类的起源几乎同步，并始终伴随人类的进化而演变。人类生活相对安定以后，从自然界中获取食物的能力也大幅提高，人们需要暂时贮放剩余食物，于是他们或用诸如桦树皮一类树皮缝合成圆柱形容器，或用兽皮缝制成皮囊用以盛放剩余食物。

自远古时代以来，人类运用大自然的杰作以多种方式"设计"着不同的包装，从而初步认识了包装的一些功能及各种发展形式。旧石器时代，原始居民学会利用大自然中的材料，如石块、葫芦、竹藤、树条、兽皮等材料制作出各式各样的器皿，这些容器主要用于储物或搬运物品，是人类最早的利用自然的绿色包装物。

这些绿色原材料不仅可以被反复使用，就算废弃掉也会很快地被分解，回归大自然。古时人类设计出的包装在材料与结构上虽然简单、粗糙，但却为后人留下了经典的宝贵遗产，例如今日依然沿用苇叶包裹糯米的粽子，中国南方地区的少数民族用竹筒盛装食物等。

新石器时代出现的陶器，由于可以用来贮存物品所以被作为包装概念的最初承载者。由于农业技术的发展，人们利用和制造生产工具的技术也随之得到提高，伴随这一发展，陶瓷也被发明出来。人类选择在有利于生存的环境中定居并从事劳作，为了满足储藏、烧煮、搬运、装饰、祭祀和陪葬等日常活动的需要，生产出了陶器，而储藏和烧煮是人类利用陶器的两大主要功用。在生产陶器的过程中，人类智慧不断提高，在加工制作方面采用了很多令今天的人们都叹为观止的独特技艺。

三、陶瓷包装容器的出现与发展

考古学界认为原始人建造房屋应该是和定居生活同步的，也就是距今10000年前左右的时候，这与最早的原始陶瓷出现的时代是一致的。

定居的生活方式是生产力发展所带来的结果，同时它又反过来促进了生产力的继续发展。人们通过耕种可以控制粮食的生产，通过圈养家禽可以随时吃到禽蛋，通过技术和工具的进步可以大量捕获水中的鱼虾，人们不需要像候鸟一样为了追逐食物而不断迁徙。由于不再疲于奔命，定居的生活方式使得人们的闲暇时间增多，可以从事获取食物以外的工作。同时，新的生活方式又带来了新的生活需求，人们的粮食开始有了富余，而稳定的居住地点又让人们产生了储存的需要，于是出现了储存器皿，如罐、瓮、缸、樽等。

一开始，人们只是用储存器皿来加热食物和水，渐渐地，食物的烹饪手段也从单纯的炙烤发展为烧、煮、蒸等多种方式，于是伴随着新的烹饪技术又出现了新的烹饪器具，如鼎、釜、鬲、甗等。由此种种，催生了手工业的发展，原始陶瓷包装容器便孕育而生。

陶瓷的出现是原始社会发展的一个重要里程碑，标志着人类的物质文化从旧石器时代跨入了新石器时代，具有划时代的重大意义。新石器时代陶器的出现对器皿造型发展具有重大意义，陶制器皿出现以后大大加快了造型样式的发展速度，从器皿造型的确切考古学证据出现，到满足人们日常生活的碗、盘、壶、罐等各类包装器皿的基本齐备，新石器时代完成了器皿造型样式从萌生到逐步兴起的发展过程。

陶瓷包装容器的产生得益于人类对土、水、火性能的认识和器具生产加工技术的提高。人类在生产劳动过程中，从偶然的发现中认识了土、水与火结合的特性，在原始石器、土器、编织物等形态的基础上，有意识地用黏土捏制出各种理想的形状，尝试进行陶器的制作。经过漫长的生产实践，最终制造出各种陶质包装容器。

把黏土加工制成陶瓷，是人类用化学方法制造用具的开端。在制陶过程中，人们观察到的是，加水可以成泥浆、干燥可以变为粉尘的无一定形状的黏土，最终转化为坚固不透水、具有预期形状的陶瓷。制陶过程中有许多难以直观观察到的现象，促进人的智力发展，帮助人们探索新的知识。原始社会陶瓷生产设计活动，也是先民们综合利用当时所掌握的多方面知识与技术的活动。陶瓷的发展，可以提供用于金属冶炼的耐火用具、耐火材料和燃烧控温技术，促进了冶金的发展，加速了铜器和铁器时代的相继到来。

原始社会中的新石器时代也是陶瓷发展史上的重要时代，其间出现了不少优秀的陶瓷包装容器，如仰韶文化的彩陶、龙山文化的黑陶、东部沿海的印纹陶等，器型包括鼎、豆、罐、釜等，除了日用器皿外，还有陶鼓、陶铃等乐器，其风格显著的艺术形式、精湛熟练的技术手法和其上蕴藏着的大量信息，让现代的人们叹为观止。我国目前发现的新石器时代遗址已达700多处，出土了丰富的陶瓷遗产，为研究新石器时代的陶瓷设计和工艺提供了宝贵的实物资料。

远古时代陶器的发明是人类文明发展史上的一次重要飞跃，是人类由对自然的原始崇拜到有目的地利用自然、改造自然的结果。火的烧结功能使陶器这种将土与水两种不同物质经人工合成的器物，又被应用于物品包装。陶器的发明，是人类第一次掌握了一种具有强可塑性的新材料，并将其制作成为使人们生活便利的器物，为原始造型与审美艺术的发展开辟了新的天地。

中国古代器皿造型样式的发展，经历了从无到有、从简单到复杂、从单一到多样的过程。器皿造型样式的演化和进步，是多种因素共同推进的结果，也是社会文明进步的标志。从新石器时代的陶器开始，中国的器皿造型样式即已初显自己的特色。在此基础之上，历经上万年的发展，中国古代器皿造型样式独树一帜，自成体系，形成了一脉相承的发展谱系。在这一过程中有的器型样式相延始终，有的中途消失，有的隔代繁盛，期间并不是一个简单的线形发展，而是整体面貌几经改易、承传、断裂、拼合，主体解构又重组，螺旋形上升的演化轨迹。

四、新石器时代原始陶瓷的工艺发展

新石器时代早期，有了农业的萌芽，个别地方出现了养畜，以华南的洞穴遗址和贝丘遗址为主，其中发现有磨制的石器和陶瓷。目前针对该时期考古发掘的陶瓷多为碎片，其制作工艺比较粗糙，质地疏松，陶器只有低温粗砂陶，多为圜底的简单造型，器型也不够工整，使用原始的泥片贴塑方法和模制技术捏塑成型。工艺原始，器皿类型简单，无刻意的装饰。

新石器时代中期的代表文化有裴李岗文化、磁山文化和彭头山文化。这一时期，制陶已经是一项十分重要的手工业，除此之外就是石器制造。陶瓷的品种不多，以罐、壶、钵、盆、碗、勺、鼎为主。在黄河流域的裴李岗文化遗址中还发现了陶纺轮，这说明当时已有纺织技术，陶瓷已经用于纺织。

在黄河流域一带的磁山文化遗址中出土了一件彩绘曲折纹陶片，这是我国迄今最早的彩陶，被认为是仰韶文化的先驱，彩陶艺术开始萌芽。

新石器时代中晚期的代表文化有长江流域的河姆渡文化和马家浜文化，以及黄河流域的仰韶文化和大汶口文化等。这一时期的人们主要是从事农业生产，过着稳定的生活，因此，各种家庭手工作坊得到了发展，纺织技术得到了普及，有些陶瓷上有布纹的痕迹，制陶业已经成为有规模的、突出的手工业种类，制陶技术也快速发展。在仰韶文化中已经出现横、竖两种形式的陶窑。

黄河流域彩陶流行，仰韶文化陶瓷可谓是其中的典型之作。在大汶口文化遗址出土的陶瓷上还出现了最早的象形文字，和甲骨文十分近似，是文字初始的重要标志。

在长江流域的河姆渡文化中，夹炭黑陶是具有代表性的陶瓷，陶胎中夹炭等物料，可以减少坯体在干燥和烧制时收缩、变形和开裂，提高成品率，也是改善陶瓷烧制时耐热急变的有效办法。

这个阶段的陶瓷包装容器造型美观实用，种类十分丰富，日用器皿有钵、碗、盆、罐、瓮、瓶、甑、釜、灶、鼎等。在河姆渡文化遗址中还发现了最早的卵形陶埙，在山西襄汾、陕西西安还分别出土了陶铃和陶铙等，是陶在音乐上的早期应用。此外，这一时期的陶瓷还有题材相当广泛的陶塑作品，这是制陶技术发展到一定阶段的表现。

新石器时代晚期，陶器器型的最大特点是出现了以斝、鬲、鬶、甗为代表的袋状足炊器。代表文化主要是长江以北的龙山文化和红山文化，长江以南的良渚文化，中南地区的屈家岭文化和西南地区的大溪文化等。此时制陶技术已出现了突飞猛进的进步，制陶业从制作烧造到经营管理都发生了深刻的变化。这时的制陶业已经变为少数具有制陶术家族所掌握的事业，制陶作坊也迁入了居民区域。

在成型手法上，快轮制陶技术迅速普及，使得成品器型浑圆规整，产量也大幅增加，出现了器壁很薄的黑陶。在黄河流域，随着袋状足炊器的普遍出现，规范模型制陶工艺发展很快。在装饰手法上，黑色、黑灰色磨光陶流行，风格素雅凝重。由于器壁变薄，出现了精致细腻的镂刻装饰技法。器盖的形制也十分多样，特别是陶塑人头、猪、羊、凤、鸟等，形象生动逼真，具有很高的艺术价值。屈家岭文化的陶瓷上还出现了独特的晕染法，形成犹如云彩的花纹。由于广泛使用袋状足、圈足、三足、耳和手柄等附件，使得陶瓷包装容器器型增多，用途广泛，更增加了陶瓷的实用性。

五、新石器时代原始陶瓷包装容器的造型设计

原始陶瓷包装容器的造型设计带有明显的人类早期定居生活的痕迹和纯真质朴的审美情趣。这些造型都是根据当时定居生活的实际需要而创造出来的，因此，满足某种实用目的是原始陶瓷造型设计的第一目标。原始陶瓷包装容器的造型具有很直接的功能性，从造型的演变上可以看出人们生活方式的改变，同时，生活方式的改变和技术的进步也直接地体现在陶瓷包装容器的造型上。

新石器时代的很多器皿都设计有三足或四足，如鼎、鬲等。特别是鬶，其造型新颖别致（图3-3）。《说文·鬲部》曰："鬶，三足釜也，有柄喙。"形制与鬲相似，所不同的是口部有槽型的"流"，也称作"喙"具有很强的实用性。而且鸟形鬶因为形状如鸟，被认为是东夷部族鸟崇拜的实物证据。

新石器时代，人们为了配合由于早期炙烤猎物而流传下来的用火炊煮方式，设计出来了直接支撑在地面进行炊煮之用的三足或四足炊煮器。而晚期的龙山文化出现了大量的空心三足器，这样的空心三足造型主要是为了加大食物的受热面积；另一方面，也是因为模具技术的发展，使得模具成型的器具可以做到规整化和薄壁化，而空心三足陶瓷包装容器的制作多是采用模具成型，上面再接上泥条盘筑成型的造型。

图3-3　龙山文化红陶鬶（郑州博物馆藏）

小口尖底瓶（图3-4），也是新石器时代很有名的一种陶瓷包装容器器型，虽然对于它的用处有汲水、灌溉和酿酒等说法，但是其也是根据使用功能来进行造型设计的。

在新石器时代，陶瓷包装容器造型设计的根本目标是使用价值，而形式的演变大多都是追随功能的改变而变迁的。那个时代，几乎没有纯粹为了装饰而设计的陶瓷器皿，所有陶器造型在那个时代都是因为具有实实在在的实用功能而被广泛采用。

图3-4　小口尖底瓶（中国国家博物馆藏）

新石器时代的社会生产力尚处于比较低下的程度，因此当时器皿的功能是多样的，往往会出现一器多用的情况，例如钵，既是饮食器，也可以作为盛储器，同时也能作为用来加热食物的炊具。因此，在实际使用的情况中，无法明确地区分存储、炊煮、饮食等使用功能。

随着社会生产力的发展，到了新石器时代，食物变得更为丰富，进食方式也发生了改变，出现了钵、碗、豆、缸、瓮、罐等陶瓷包装器皿。由于人们席地而坐，为了取食方便，出现了类似高脚杯的豆，相当于一个矮茶几，不仅在端拿起放时比较平稳，取食时也比较方便。这种改进，来源于对人类行为的细微观察，符合人体工学的设计原理。

在陶瓷还没有出现的时候，人们就已经开始利用一些自然界业已存在的物质来做简单的容器，例如果壳、蛋壳、贝壳、动物颅骨、植物茎叶等具有一定容积的物品。从考古资料来看，最早的陶瓷造型是模拟自然界中的球形、半球形的造型，这也是先民们在长期的实践中，慢慢发现这些球形或半球形的造型不仅具有足够的容积，在手感上也比其他带有棱角的造型更加舒适，因此在制陶技术出现之后，先民们便按照此类造型对陶瓷器皿进行设计。

随着制陶技术的提高，先民们除了模仿自然界中最为直接简单的球形、半球形造型之外，还开始模仿自然界中一些造型更为复杂的圆形物体，如葫芦的造型。仿葫芦造型的实例很多，在半坡、马家窑、庙底沟等遗址都有发现，虽然细节上有些不同，但都是对葫芦的仿生演变，它们有直接对葫芦外形的模拟，也有利用葫芦局部外形演变所制成的实用的简洁造型（图3-5）。

随着生产生活方式不断丰富，人类开始从模拟植物的仿生造型过渡到模拟动物和人的仿生造型。例如大汶口文化的狗形陶鬶、齐家文化的秦安堡子坪陶哨、山东胶州三里河出土的兽形陶壶和猪形陶鬶、陕西武功出土的龟形陶壶等都是以动物形态为造型依据的。这些制品没有因为造型而削弱其的使用功能，更多的是符合使用目的的有意识的

图3-5　网纹彩陶束腰罐
（甘肃省博物馆藏）

设计。例如大汶口文化的袋足陶鬶（图3-6），看上去很像鸟兽的样子，极富想象力和生活情趣，同时，器皿各部位的结构也很符合它本身需要满足的使用功能的特点。

六、新石器时代原始陶瓷包装容器的装饰设计

图3-6 大汶口文化的袋足陶鬶

除了在造型上的创新和探索外，原始陶瓷包装容器在装饰上也取得了十分辉煌的成就，其中包括脍炙人口的彩陶艺术、蛋壳黑陶、印纹陶等，还有各种原始图形文字。这些装饰图案和技法，一方面体现了原始人类的审美和精神需求，一方面也展示了当时社会的生活场景和发展状况。

人们在陶瓷制作的过程中，很自然地将自己氏族的图腾纹样装饰在陶瓷上，形成了如今看起来个性鲜明的各种装饰风格。原始陶瓷的装饰设计具有很强烈的符号美感，以及原始质朴的形式美感。

在原始陶瓷彩陶艺术的装饰设计中，往往采用黑、白、红、黄这几种颜色进行组合装饰，这样的颜色对比度十分强烈醒目，给人以质朴有力的感觉，形成原始彩陶特有的明快大气的艺术形式。同时，原始彩陶也常运用点、线、面的构成法则和构图规律，极大地丰富了装饰艺术效果，给人以生动活泼、自由舒畅、开放流动的审美享受，对现代艺术设计有着积极的意义。

例如在甘肃省马家窑一带发现的被称为马家窑类型的彩陶上大都描绘有水波纹、旋转纹等图案。这些线条画得规整流畅，围绕着大小各异的圆点，形成漩涡纹装饰，图案的组织疏密得体，构图均衡饱满的同时也充满了变化，表现出水波纹的韵律和动感，自然精美，繁而有序。1950年4月，甘肃省临夏市积石山县的三坪村出土了一件彩陶瓮，其精美绝伦的造型和图案，赢得无数参观者的惊叹，被誉为中国的"彩陶王"（图3-7）。

我国东南部沿海一带的印纹陶装饰也颇具特色，见于新石器时代晚期，江西九江修水山背文化跑马岭遗址、福建昙石山文化下层及广东石

峡文化下层均发现有印纹陶。陶瓷容器表面拍印一些方格纹、曲折纹、圆圈纹等几何形纹饰，由于它的分布范围较为广泛，因此人们把出产这种陶瓷的远古文化称为印纹陶文化。印纹陶文化的延续时间很长，一直到商周时期的遗址还有发现，并且还流传到了北方中原一带。

图3-7 "彩陶王"（中国国家博物馆藏）

印纹陶采用的是模制拍印手法，其装饰表面形成了凹凸有序的细纹，呈现出丰富的肌理美感和细腻的触感，这种粗糙质感给人以质朴、厚重、温暖和粗犷的视觉心理反应。

由上可知，原始陶瓷包装容器的装饰具有十分强烈的形式美感，在后世看来充满了装饰性，既美观又神秘。这些几何纹样，由点线面构成，实际上有其特定的文化和象征，是积淀了当时社会精神的有意味的形式，是具有某种象征性的符号。

原始陶瓷包装容器的装饰设计很大一部分是原始人类图腾崇拜意识的反映，它具有很强烈的符号性和象征性。例如鱼、鸟、蛇或其他动植物形象抽象概括成的几何纹样，其逐渐摆脱了简单的模拟和写实，形成独立的风格，从而演变成为抽象的符号（图3-8）。而另一部分反映的则是当时的生活场景，而生活场景又间接地反映了当时人们的精神需求，在青海大通出土的马家窑类型舞蹈纹彩陶盆上（图3-9），绘有5人一组手拉手，摆向整齐划一的15人舞蹈场面。

在沿海一带印纹陶的几何纹装饰上，那些像水波一样的线条其实是和古越族对蛇图腾的崇拜有关的设计。

一些以现代眼光看来的几何纹样，在原始人类的感受中更多的是各种复杂精神内涵的体现，有着非常重要的内容和含义。图案语义的设计手法在新石器时代的装饰设计中比比皆是，其符号化的内涵和外延性语

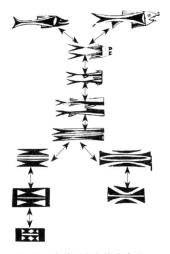

图3-8　半坡彩陶鱼纹演变图

图3-9　舞蹈纹彩陶盆（中国国家博物馆藏）

义传递给如今的人们丰富的信息。

第二节　夏商西周时期陶瓷包装容器的发展

　　大约在距今4000年之前，农业生产不断发展进步，私有制开始出现萌芽，原始氏族部落的社会形式已不能适应新的要求。当时长期定居在中原一带的夏部族，通过联合其他部族形成了由夏王朝统治的奴隶制国家。加之后来的商代、西周和东周（包括春秋、战国），被统称为"夏、商、周时代"，其间约2000年。这一时期的社会形态由原始氏族部落发展为奴隶社会，也成为由奴隶社会向封建社会变革的转型时期。其时，各种手工业渐进渐繁，开始有分工制度，制陶业已成为独立的手工业部门，而且是诸多工种中最重要的一种。

一、包装设计艺术的一次飞跃

　　由文献记载和目前考古发现可知，在这一时期有大量的青铜器制造、陶器制造、纺织等专业作坊，这也体现了当时器物制作的专业化生产。尽管就包装角度而言，其专业化生产并不明显，但是已具备了包装生产专业组织的雏形。包装标准化、专业化生产在奴隶制社会已然出现。

考古资料表明，原始社会末期出现的青铜器，在进入阶级社会以后，逐渐取代了陶器而成为主要的器物，标志着人类进入了金属时代。青铜器的铸造会使用陶范，又称印模，是一种用陶泥烧制成的模子。陶范出现较早，新石器时代晚期陶鬶的袋状足已用陶范加工。青铜艺术其实是陶雕工艺和青铜材料的结合，青铜纹饰的原身其实是陶瓷纹。

青铜器的设计、制作虽然与陶器有一定的继承关系，但在功能、造型、装饰、材料和工艺技术上都发生了巨大的变革。

尽管进入阶级社会后，青铜材质包装容器逐渐成为时人崇尚的包装形式，然而，青铜材质包装容器只是在贵族阶层流行，并没有在平民日常生活中普遍使用。在平民日常生活中主要使用的包装物仍是天然材料包装和陶质包装容器。当然，贵族阶层的生活中，除使用青铜材质包装容器外，也大量使用品质上佳的白陶包装容器和原始瓷质包装容器等。

到了夏代，在材料运用方面，除陶质材料外，还发展了青铜材料和漆制材料，并将这些材料用于包装。就青铜材料在包装上的应用而言，虽然目前尚未发现有实物，但是从代表夏文化的二里头文化中所发现的青铜文物，以及一些文献记载来看，夏代应该具备生产青铜材质包装容器的能力。此时漆制材料在包装上也多有应用，不仅在有关夏文化的遗址中不同程度地出土了一些漆制包装物，而且在文献材料中，也有关于夏代存在漆制包装的记载。

从各地考古出土的商代器物来看，这一时期酿酒、冶铜、制陶、丝织、制革等手工业相当发达，特别是青铜铸造业，在这一时期已得到极大的发展，并代表着当时的手工业技术与时代特点。商王及大贵族们较多地使用象征地位、财富的青铜容器作为包装，对于一般的小贵族、平民和奴隶阶层，用作包装的器物，则多为陶器。商代的陶质材料已经有了灰陶、白陶、釉陶和原始瓷等多种。陶质包装与夏代相比，既没有品种的增多，也没有形制的消失。除青铜、陶等包装容器以外，在一些文物上残留的丝织品痕迹，可以初步认定商代已用绢、麻等纺织品作为包装材料，来包裹贵重器物或有关物品。

目前在全国各地的考古发掘中，西周时期包装物的品种、形式种类和数量，已大大超过了之前的夏商两个王朝。具体而言，有青铜材质、陶质材质、原始瓷质和漆制包装容器等。

二、制陶业和制陶工艺进一步发展

商代早期，制陶已经从农业中分化成为相对独立的生产部门，并且内部已经出现分工，如郑州有些窑口专门生产陶盆和陶甑，而在邢台则发现有专烧陶鬲的遗址。

目前的考古发现中，有关于夏代制陶情况的古文献记载很少。夏文化如今仍在探索中，但学术界普遍认为河南偃师二里头文化早期出土的陶瓷应是夏代制品。

夏、商、周三代的陶瓷品种，大致有灰陶、白陶、印纹陶、红陶、原始陶等，其中在日常生活中使用最多的是灰陶，这一时期的器体造型功能依然以饮食器皿为主。

夏代，陶瓷材质以泥质灰陶和夹砂陶为主，夹砂红陶、泥质白陶、印纹硬陶较少。纹饰以绳纹最多，其次为篮纹，并有方格纹、弦纹等，有的拍印了回纹、叶脉纹、漩涡纹、云雷纹、花瓣纹，另有龙纹出现。夏代陶瓷基本上是沿用河南龙山文化晚期的制作技术，但也有发展，例如陶鬶已经基本不见，出现了陶爵和陶盉。

商代陶瓷仍以泥质灰陶和夹砂灰陶为主，鬲和甗在晚商时期较多，特别是鬲，因此有"无鬲不商"的说法。因此时普及了快轮，故商代的陶瓷包装容器具有规整、美观、圜底、圈足或袋足等主要特征。

西周陶瓷仍以夹砂灰陶和泥质灰陶为主，也有少量泥质红陶和夹砂红陶，泥质黑陶和白陶到西周后期已经不多见了。由于夏商两代亡国君主都嗜酒成瘾，西周的统治者开始控制饮酒风气，因此和商代相比，西周陶瓷包装容器中酒器大为减少。

在造型上，西周陶瓷包装容器以圈足、袋状足和平底为主要特征。用夹砂陶制成的炊器，底部加宽，腹体加深，能多容纳食物，裆的角度很大，足逐渐退化，底部外凸几乎变成一条弧线。总的趋势是比商代陶瓷更简洁，更注重实用功能，在纹饰上，西周陶瓷仍以纹理较粗的绳纹为主，另外还有一些篦纹、弦纹、划线纹、刻划三角纹等。这时作为附加的堆纹已很少使用。

这一时期彩陶工艺逐渐衰落，但出现了白陶、印纹硬陶、原始瓷器、建筑用陶以及作为明器的陶瓷，商代的陶水管是最早发现的建筑用陶。西周时期出现了用于宫殿的板瓦、筒瓦和瓦当，西周是我国建筑用陶大发展的时期。

三、釉的发明

古代先民通过长期烧造白陶和印纹硬陶的实践，不断改进原材料的选择与加工，至少于商代中期开始制造原始瓷器，到西周、春秋、战国时期瓷器制造开始兴盛。由于胎质烧结程度的不断提高和器表施釉，原始瓷器不吸水而且更加美观。原始瓷器一般都在施釉前在坯体上拍制几何图案，釉色多呈现青绿、青黄色。

釉的发明是原始瓷器创制成功的必备条件，商人好酒，原有的陶瓷包装容器由于没有釉料的覆盖容易让酒挥发，于是人们发明了釉。商、周时期的原始瓷器多施黄绿色或青灰色的釉，一般推测，这样的釉原本是在烧窑时覆盖在器皿表面上的草木灰所形成的。

商代原始青瓷多用泥条盘筑法成型，有的器表拍印纹饰，全部或上半部施釉，由于那时还没有发明吹釉的工艺，因此原始瓷器的釉面并不像如今瓷器釉面那么平整温润，而是呈现出厚薄不匀、色泽不一的感觉。

从无釉的陶瓷发展到敷釉的原始瓷器，在技术上有了突破性的进步，是我国陶瓷包装容器发展史上的第一次技术飞跃。原始瓷器是在烧制白陶和印纹硬陶的实践中，经过不断改进原料选择与处理工艺，提高烧成温度并在器皿表面施釉的基础上创制出来的。

原始瓷器比白陶和印纹硬陶更为坚硬耐用，并且因为有釉层而不易污染、便于清洗和光泽美观。因此，原始瓷器一经问世，其制造工艺不断改进，随着商王朝统治范围的扩大和经济文化交流的增多，原始瓷器逐渐遍布长江和黄河的中下游地区，品种不断增多。

四、陶瓷包装容器造型设计由繁入简

（一）象征性的分离

夏、商、西周三代是奴隶制时代，这一时期，陶器的设计不可避免地被烙上了奴隶时代的典型印迹。这时的陶瓷造型设计服务于物化生活和精神统治的需求。虽然在造型上依然是形式追随功能，但由于处于社会阶级极大分化的背景下，同时法礼制度已经出现，陶瓷造型设计在既有的基础上，又出现了新的设计特征。

在夏、商、西周的社会环境下，器物造型出现了为展现某种意识而制造的器皿，可以称为象征性器皿，例如祭祀用的青铜器和陪葬用的明器。象征性器皿只有奴隶主阶层才能拥有，而实用性器皿则是人人都可以拥有的，所不同的只是选材和制作精度上的不同。

这一时期，虽然奴隶主也使用白陶、印纹硬陶和原始瓷器等陶瓷，但陶瓷包装容器主要还是针对老百姓和奴隶而做的，因此其造型多以实用为主，那些代表了某种含义、具有象征性的复杂造型在陶瓷造型设计中则比较罕见。这时成为平民之器的陶瓷，其造型应该只是为了满足单纯的实用。那些富有意味的造型，表现了某种神秘、威严、慑服和不可侵犯的造型形式则多集中在青铜器之上，陶瓷包装容器造型大多与精神需求分道扬镳，更多地体现了生活中的实际需要。

不过，虽然陶瓷包装容器造型设计仅仅是强调实用性，从艺术的角度来看过于单调，但其实用性依然在生活方式的演变中更加完善。例如在商代，高台火灶已经逐渐出现，代替了鬲的高足深裆的功能，因此鬲足渐矮，逐渐流于形式。此外，陶豆也由短足高钵的形状逐渐演变为西周时期高足、细柄、浅盘形的高脚盘形式，这样的造型实用性更强，更便于端拿和盛放食物。

这一时期的陶瓷包装容器造型设计以安定、庄重为特点，反映了统治阶层威严、慑服、不可侵犯的精神力量。陶瓷造型的轮廓线大多是简练平整的线条，且构成对称形态，整体饱满内敛，并不张扬。造型虽然安定，但给人沉重之感，这是因为其造型为颈部短、腹部大、底部宽。陶器和当时青铜器的造型风格相似，反映了当时的社会精神是强调秩序、等级、次第的。

（二）器皿化造型突出

夏、商、西周时代的陶瓷造型较新石器时代更加具备器皿化的特征，这段时期由于单纯地强调实用性，并且由于平民化的需求而减少了不必要的造型加工，使其更加具备日用器皿的造型特性，即简练的几何形。这种单纯的器皿造型失去了典型的艺术特征，从生活的角度来看，这是一个颇具意味的特征体现。

随着生活经验的增加和制作技术的发展，人们逐渐把陶瓷定位为大众化的生活用具，从实用的角度摒弃那些增加使用难度、耗费制作精力的多余的造型，逐渐简化出线条简单、强调功能的器皿化造型。

夏、商、西周时代的陶瓷造型虽然相比新石器时代略显单调，但却更加接近现代日用陶瓷的造型标准，例如新石器时代富有雕塑感的鬶的造型已经消失，慢慢演化为拥有筒状嘴的更加几何化的器皿造型（图3-10）。这一时期之后，很多日用陶瓷包装容器造型设计，如盘、碗、钵、罐、瓶、杯等的造型基本确定，后续的变化仅仅只是在尺度上有所调整，而大的结构基本与这一时期保持一致。

阶级和不平等关系的产生，让陶瓷材料选择了满足平民化的需求，基于陶瓷材料的造型设计，不管时代如何变迁，不管技术如何提升，为了生活而设计、为了群众而设计都将是其不变的宗旨。

图3-10　商代陶盉

第三节　春秋战国时期陶瓷包装容器的发展

春秋战国时期又称东周时期，是中国社会奴隶制向封建制过渡的时期，此时的中华大地掀起了一场大变革的社会风暴。新的地主阶级兴起了，逐渐代替了没落的旧奴隶主阶级；新的制度和意识形态取代了旧的制度和道德伦理观念；社会的生产关系也发生了深刻的变化；战争连年不断，整个社会呈现出纷繁复杂的大改组、大动荡局面。

一、官营陶瓷生产的出现

春秋战国时期，巨大的社会变革也带来了文化思想上的繁荣，在学术上的表现是百家争鸣，各种艺术形式蓬勃发展、多姿多彩、有声有色。因此产生了很多造型优美、装饰精致、既有实用性又有艺术性的陶瓷制品。

春秋战国时期的陶瓷工艺在西周的基础上继续发展。这一时期的陶瓷包装容器生产出现了官营和民营之分。官营手工业的产品基本上体现了这一时期艺术设计的主要水平。而低阶层的士和城市居民、农民日常生活所用的器具仍以陶瓷、竹木器和骨器为主。

官营和民营的分化代表了统治阶级与平民的生活模式和需求差距加大，器物的优劣日渐成为身份的象征，自此陶瓷包装容器的发展分化为强调美观和质地为主与强调经济实用为主两条路。但是统治阶级的喜好，决定了中国陶瓷包装容器设计的发展方向，民窑也在不断极力模仿官窑制品。

二、实用与美观的统一

春秋战国时期，随着社会精神的解放、物质生产力的提高，人们对生活的舒适性有了更多需求，这种舒适度包括对物质和精神的双重追求。然而大部分陶瓷器皿的基本造型在夏、商、西周时代就已经确立。因此，这一时期的陶瓷包装容器造型设计更加注重对器皿细节的完善，从细节上满足社会群体的需要。

实用与美观的统一总是伴随着造物活动的不断被提及和实践。到了春秋战国时期，随着生产力的解放，社会生活的物质条件开始提高，人们对舒适生活的追求更加迫切，因此在陶瓷包装容器造型上，对造型细节所带来的使用舒适度和要求便更高了。另外，巨大的社会变革带来了思想上的解放、文化上的多元，人们的精神也变得自由而充满朝气，陶瓷包装容器造型设计开始追求器物造型的精神性，即美感。所以，相比过去，这一时期的器物造型都可以从造型的细节上感受到当时社会对物品的实用性和美观性的统一追求。

春秋战国时期的陶瓷质地变得更加细腻，陶瓷包装容器造型设计考究，讲究细节，方便使用，造型庄重华丽而又着眼于实用。这一时期陶罐的颈部增高向壶的形制发展。陶鬲足根逐渐消失，演化成圜底的陶釜。陶鬲减少，陶鼎增多，陶鼎上部往往带有一盖，在使用时起到遮盖的作用，在整体造型上则显得圆润饱满。此外，三足造型在足踝处先是缩小，继而扩大足底的接触面，这些细节上的处理，不仅在使用上增加了陶鼎置放的稳定性，在视觉上也更显轻盈优美。陶豆也向细长、高柄、带盖的方向演化，带盖的组合是新的功能，更便于存放食物，同时有盖之后也能起到保温的效果。这一时期的很多包装容器器型都增加了盖的功能，这正是生活条件的提高带来的对卫生上的更高要求。而在盖上配有一钮，这样的细节处理从美感上来说，可以增加物体向上的趋势，从而使物体显得轻盈挺拔；从实用性上来说，可以更方便地取拿盖体，而且可使盖体在反置于案面之时，当作独立的豆来使用（图3-11）。

瓮、罐一类的包装器物，则做得腹大
口小，造型饱满，容量很大而又便于加盖
封闭。其他饮食器具，也尽量以方便实
用、美观大方为原则。

陶瓷包装容器造型在这一时期变得丰
富多彩，除了几何的造型外，还大量采用
了仿生设计的造型手法，既实用又充满美

图3-11 （战国）带盖凸弦纹陶豆
（四川省文物考古研究院藏）

感。春秋战国时期的仿生设计在形态的变形提炼上更加体现了一种理性
思维，这是因为当时社会的总思潮、总倾向便是理性主义。

春秋战国时代的仿生设计则多是对器皿的某一部分进行仿生，例如
柄、足、纽、把手等细节部分，而器皿主要的置物部分往往还是倾向于
简单的几何造型，这样的仿生造型设计使得器皿的实用性得到了最大的
发挥，同时又不失丰富变化带来的视觉享受，这正是当时社会的理性主
义在陶瓷包装容器造型设计上的一种反映。

春秋战国的仿生设计，除了对物体本身造型外观的模仿外，更加注
重提炼对象的精神形态，在器物细节部分运用仿生设计，结合几何形态
的造型手法，使得器物的功能和形式完美融合，更加具有设计的意味。

三、包装的意识自觉

从有关史料来看，先秦时期的春秋战国出现了具有专门盛装功能、
容纳功能、便利功能等包装特性的器具。这在包装发展史上具有十分重
要的意义。有历史文献记载，春秋战国时期的各诸侯国大中城市商品流
通繁多，一些商家为招揽、吸引顾客，十分注重商品的外形包装，重视
招牌、幌子的设计制作及公平交易、待客周到等商业准则。当时对于商
品包装的重视，今人可以从著名商人子贡、范蠡、白圭对于贮藏的认
识、具体实施，以及当时长途贩运的情况中探知一二。他们根据"待
乏"原则进行储藏，然后伺机贵卖。而储藏离不开包装，贵卖需要空间

区域。正因为当时商品经营过程中分为了积贮、运输、购买、售卖四个环节，而这四个环节都与包装密切相关，所以这一时期的包装功能在早期的基础上有了新的拓展，商业性功能得以体现。

据考古出土的实物来看，当时包装的美感性和艺术性有了极大的提高，春秋晚期到战国早期，突出地表现在漆质包装容器的出现及其发展上。制作漆器的木胎较厚，一般是在挖制而成的木器上直接加以髹漆，这实际上仅是木器的一个加工程序，功能性和艺术性均不足。而战国中后期则多采用夹纻胎或皮胎，使漆器整体上更为轻巧，并且用金属制成各种附件以起到加固和装饰的作用，更显得精巧美观。总之，这一时期已出现了商品包装，包装与生活用具开始分离，并逐渐成为独立的门类得到发展。

包装发展到春秋战国时期，其特有的功能属性日趋明显，不但完成了包装功能从兼具生活用具的双重属性向包装独有的专门属性的普遍转变，而且还出现了具有促销、宣传、增值等功能属性的商品包装，为后世的包装艺术，特别是宫廷包装艺术和商品包装艺术的进一步发展与繁荣夯实了基础。

这一时期，随着包装功能属性的进化，包装门类也大为增多，如按内装物性质来分，有食品包装、酒水包装、化妆品包装、饮食器包装、丝织物包装、文具包装等门类。食品包装和酒水包装虽属商代和西周以来的传统包装门类，但出现了新的包装形式，如陶质罐头式密封包装和青铜冰鉴酒缶组合式包装容器。与史前以来所出现的包装门类不同的是，奁式漆器化妆品包装和文具包装应该肇始于春秋战国时期，且是这一时期的新兴门类。

春秋战国时期是包装发展历史过程中的一个分水岭。向前，商和西周时期是一个神化的时代，包装设计在各个方面尚未定型，是人类包装意识的萌发期，同时也是包装制作经验的积累期；向后，力行"人治"，社会在人性觉悟中发展，包装设计开始显示出自身的历史走向，不仅专门化、通用化包装同时发展，而且商品包装日趋成熟，包装迈入建构自身体系的新时代。

第四章

秦汉、魏晋南北朝时期陶瓷包装容器的发展

我国的陶质包装容器在经历了漫长的远古、上古时代发展历程后，到秦汉时期已经形成了手工作坊规模化生产，并且随着世界格局和社会形态的变化而具有了鲜明的阶级色彩。三国两晋南北朝处于汉代和唐代两个伟大时代之间，其陶瓷包装艺术也承上启下，使得这一时期成为一个非常重要的酝酿发展期。

第一节　瓷器时代的到来

秦汉时期是中国陶瓷历史上的一个重要转折点。当时所制陶瓷器物的表面被广泛施釉，有学者认为是受古罗马及欧洲人制造琉璃技术的影响，因为当时的人们与上述地区有着密切的贸易往来。瓷器的生产制作既是科技发展到一定水平的产物，也是一种审美观念和文化价值取向的凝聚——青碧如玉的瓷器釉色，迎合了中国人的"崇玉"传统，也体现着中国人讲求"自然天成"的审美趣味。从那时起，青瓷工艺延续至今，而且作为中国瓷器艺术主流的历史达千年之久。

一、原始瓷器的发展

东汉晚期成熟瓷器出现之前，原始瓷器的烧制一直在延续，规模和质量并没有明显的改进[1]。但是秦汉时期的原始瓷器与战国时期的原始瓷器在胎质、釉质、成型工艺和器型方面有很多不同。

秦汉时期的原始瓷器器型以仿青铜礼器为主，少有碗、盘等生活饮食器。这些特点说明秦汉时期的原始瓷器主要还是随葬用器而不是实用器。

---

[1] 杨桂梅，张润平．中国瓷器简明读本 [M]．北京：新华出版社，2016：19.

西汉早期的青瓷形制大多仿照当时的青铜礼器，大方端庄，施青绿或黄绿釉，制作比较精细。西汉后期这些器型都发生了变化，日常生活用具日益增多，可见产品功能渐趋于实用。西汉早期的青瓷，施釉方法由浸釉变为刷釉，有较好的透明度，也容易形成蜡痕聚釉现象。

东汉时期早期青瓷的特点，已全面转向经济实用。饮食器皿和容器的造型也有了变化，适宜日常生活需要的器皿逐渐增加，花纹装饰也趋于简单，器物大部分上釉，只是近底处无，釉层增厚。胎釉结合紧密，少见脱釉现象，器型规整，制作精细，已十分接近真正意义上的青瓷形态。

二、成熟瓷器的出现

我国瓷器的发明，与瓷石原料的发现和利用技术的进步有关。此外，高钙质半透明釉的烧成也促成了瓷器的出现。

我国考古专家曾对浙江上虞石浦小仙坛窑址出土的东汉越窑青釉印纹瓷罍残片进行研究，结果发现，该标本的化学组成已经接近瓷器，与近代瓷胎具有相似的结构。

东汉成功烧制成熟青瓷，是中国陶瓷发展的一次质的飞跃，随后在各地蓬勃发展起来的瓷业逐渐成为商品经济中重要的一环，瓷器也逐渐成为中国民众日常生活中最普遍的一种生活用器，并延续至今。

从东汉后期开始，烧制青瓷的技术已基本成熟，又经三国两晋再到南北朝，青瓷、黑瓷的烧制技术得到进一步发展。此时的制瓷业也从南到北扩展，几乎遍及全国。

魏晋南北朝时期已进入瓷器的时代，由于瓷器坚固耐用，特别是耐酸碱，盛放食物不变味，易洗涤，深受民众的欢迎。

三、纸的发明与商品包装的发展

秦汉时期，随着社会经济的迅速发展和人民生活水平的提高，加之

第四章　秦汉、魏晋南北朝时期陶瓷包装容器的发展

前代所积淀下来的丰富的包装制作和使用经验，包装已经充斥在人们的日常生活中，成为人们生产、生活中不可或缺的日用物品。

秦汉时期的包装生产仍以延续先秦社会以来的漆制包装、青铜材质包装、陶质包装、天然材料包装、丝织包装等为主。这一时期的官营包装生产形成了的一套严密、系统的自上而下的管理体系，体现在包装等造物艺术上，一方面是讲究容量、颜色、造型等要素的统一，另一方面则是"物勒工名"制度的体现。民营包装生产组织经营范围十分广泛，不仅为市场提供包装所需的包装材料，而且更为重要的是还制作各类非商业日用包装品和商品包装，具体涉及木制包装、竹编包装、陶质包装、皮革包装、金属包装等种类。

到了秦汉时期，造纸和印刷术发明后，物品包装得到了飞跃发展。这时，不仅可以在木材、金属上雕刻字句、花纹，而且可在纸张上印制产品牌号、招贴和广告等内容。随着商贾兴起，民间贸易扩大，商品储存运输和包装日益重要，这样便出现了专门从事生产包装容器的手工作坊和手工业户。当时，人们所使用的包装物一般都是天然材料，制作方式都是手工操作。而这一时期的物品包装活动，其主要目的是人们迫于自身生存的需要，而开始的最直接、最原始的包装活动。另外，在我国出土的古代文物中，先民们不仅使用陶器、瓷器等作为包装容器，还对包装容器进行工艺装饰。这样做，不但具有保护商品的功能，还具有观赏、审美的价值。

1972年，在湖南长沙马王堆汉墓中，出土了大量盛放化妆品、香料等日用品的漆器，如盒、盘和奁等器物，集中反映了两千多年前漆器工匠们的高超水平。还有从包装的形式上看，主要采用组合化包装和集合化包装等多种形态。东汉王充曾在《论衡·商虫》一文中，对谷、麦等农产品的保管，提出"藏宿麦之种，烈日干暴，投于燥器，则虫不生"的粮食包装储藏方法。另外，汉朝时期发明了纸张，其后纸张开始大量在商品上使用，这对世界商品包装产生了重大影响，对包装事业的发展也做出了很大的贡献。

第二节　秦汉时期陶瓷包装容器的发展

秦汉时期的设计主要涵盖功能设计、造型设计、装饰设计及材料与技术的应用等方面。它不仅受到了儒学的宗教化影响，还在设计中把器物的功能性融入其中，体现了实用与美的和谐统一，呈现出独特的艺术风格，实现了新材料、新技术的应用。

一、稳定的社会对陶瓷包装容器发展的促进

秦汉时期是中国秦汉两朝大一统时期的合称。秦汉时期的陶瓷包装容器是在春秋战国各诸侯国陶瓷手工业基础上发展起来的。

这个时期，经过先秦理性精神的浸润，经过"罢黜百家，独尊儒术"的意识形态变革，崇尚神鬼的观念逐渐被理性替代，这个时代是把现实和想象完美结合的时代。人们对现实生活进行无微不至的观察和描绘，陶瓷造物中出现了各式各样的房屋殿堂、琳琅满目的器皿用具、飞扬舞动的舞女百伎、生机蓬勃的花鸟鱼虫等元素，更多体现的是现实的人间社会。这种物化的对象有意无意地体现了人们对客观世界的征服，对自我生命的把握，对世俗生活的肯定和热爱，这正是秦汉时期造物观的主题精神。

秦汉是中央集权的封建国家时期，因此多数重大的工程建设和社会活动都由中央直接组织，工艺美术上则反映出了它的宏大和统一性。秦汉时期，国家统一，政权巩固，各方面都走在世界的前列，并满怀信心地与西方进行着经济和文化上的交流，影响着世界。秦汉文化作为中国历史上第一个大一统的文化，在先秦理性主义精神的影响下刚刚褪去原始荒蛮的气息，以一种淳朴天然的面貌迎接一个崭新的世界，形成了秦汉造物观的古拙。气势与古拙便是秦汉艺术的基本美学风貌。

在西汉时期，中央和地方设立了负责管理手工业生产的专门机构，

再加上生产技术的提高，陶瓷工艺在前代的基础上获得了全面发展。汉代有较大规模的官营和私营手工业，也有遍布全国城乡的小手工业、家庭手工作坊。

秦始皇于即位之初便倾天下之力大兴土木，建造大规模的阿房宫和陵园。大量的砖、瓦等建材和宫殿内所需陶瓷器皿需要烧造。与秦泱泱大国相适应的秦代陶瓷最大的特点就是宏伟壮观，生活用器和陶塑艺术都是恢宏大气的风格，最著名的便是气势宏大的兵马俑陶塑群。

汉代殉葬用的画像砖，再现了汉朝社会的现实场景。青瓷、黑瓷烧制技术的进步，把瓷器工艺推向了一个新的阶段。

"秦砖汉瓦"的美誉传载千年，低温颜色釉的发明为陶瓷的美化开辟了广阔的前景。秦汉时期道家炼丹技术促成了釉的产生。汉代时人们在制陶和使用原始青瓷及铅的过程中吸取经验，掌握了配釉技术，发明了低温铅釉陶，也为后来的唐三彩等低温颜色釉装饰的包装器物的出现奠定了基础。釉的出现改变了素陶胎体的渗水性和透气性，使素陶包装向釉陶包装迈出了关键性的一步，为陶器作为存储密封包装容器开辟了广阔空间。

釉陶包装容器具有密封性好、方便运输和存储、防虫、防腐、易清洁等特点，因此在包装中被广泛使用。作为日常生活用具的罐、壶、盒等陶质包装容器，也因其结实耐用、制作材料易得而得到迅速发展。

制陶手工业的进步和窑炉结构的改善，使粗陶质容器的烧结温度和胎体致密度都有所提高。东汉后期完成了印纹硬陶和原始瓷器向瓷器的逐渐演变。青釉瓷质包装容器的成功烧造，打破了陶质包装容器的单一发展局面，为陶质包装容器和瓷质包装容器的并行发展开辟了道路。

二、铅釉陶瓷的创制成功对陶瓷工艺的卓越贡献

随着铅釉陶的出现，在已烧好的陶坯上用矿物质颜料进行装饰的彩绘陶逐渐退出了陪葬明器的行列。对陶瓷制品，人们首先看到的就

是釉，色彩鲜艳的施釉陶瓷比普通陶瓷更引人注目。釉与坯不同，主要是釉料在高温烧成时完全熔融成液态，冷却后凝成一层玻璃状物质覆盖于陶瓷制品表面（图4-1）。

图4-1 汉代铅釉弦纹壶

低温釉陶强度低，釉层容易脱落或损毁，实用性差，故在古代主要是陪葬的明器。唐代向其中加入含钴或锰的矿物，能得到蓝、紫等各种颜色的低温釉，在此基础上，又进一步创造出了举世闻名的"唐三彩"。

三、从务实到奔放的文化转变

历史上，秦文化的特点是务实，它注重实效、功利，质朴而率直，不事虚浮，追求大和多，不停地拓展，主动性极强。这种现实主义精神表现在陶瓷造型领域，就是讲究实用、朴素、严谨（不像汉代那么奔放）和冷静。因此，这一时期的陶瓷造型都是倾向于务实和简朴的，没有过多的修饰和附加的点缀。

例如这一时期的典型陶瓷包装容器——茧形壶，又称"鸭蛋壶"，器呈唇口、短颈、圈足，腹呈横向长椭圆状，整体造型简洁，线条单纯，形制规整，在曲线的运用、宽高的比例和收敛外张等变化的处理上，都别具特色。茧形壶初为战国时期秦国所产，后盛行于西汉，壶腹或彩绘流云、几何图案，或仅以暗刻弦纹装饰。茧形壶（图4-2）的外形不仅具有较高的审美价值，也非常实用。由于茧形壶器身较为扁圆，故悬挂在马背上便于固定，在马匹行走的时候不易翻倒晃荡，盛放在里面的液体也不易溢出。战国时期战事不断，将士们还把茧形壶

图4-2 （西汉）彩绘茧形壶（河南博物院藏）

深埋地下，将耳朵贴于埋壶的地方，利用空气震动的原理，来探听远方敌军骑兵的马蹄声，以此来推测敌军的动向。

汉代造型艺术给人以奔放豪迈的感受。汉武帝时期国力强盛，经济改革促进生产发展，北击匈奴南征百越，奠定了中国多民族国家的辽阔版图。汉朝与中亚、西亚联系紧密，使丝绸之路更加畅通，促进了中外经济、文化上的交流。不断增强的国力使百姓生活富足，大败匈奴使"漠南无王庭"，增加了民族的豪气，因此，这一时期的陶瓷造型设计以大气雄浑的写意风格为主，注重气韵，体现了时代的精神特质。

四、规范与动态的风格特征

秦代的陶瓷装饰设计也受到当时严谨务实社会风貌的影响，画面构图十分规范，并按照一定的顺序分布于整体构图之中，图案多用单线组成，直线和棱角的构成居多。就如其文学风格一样，语义平直，不重文采。这种充满秦风的装饰设计多体现在建筑用陶之上，尤以砖瓦为盛。

汉起于楚，在意识形态和精神领域的某些方面，特别是文学艺术领域，汉依旧保留了南楚故地的乡土本色。楚文化属于浪漫的南方文化体系，受其影响，汉代的陶瓷装饰设计更具有一种情绪上的抒发表现，反映出来的画面效果具备动态美和韵律美，有一种运动着的气势之感，具有"汉韵"（图4-3、图4-4）。

图4-3 （秦）太阳云纹砖图　　图4-4 （汉）观伎画像砖

第三节　魏晋南北朝时期陶瓷包装容器的发展

魏晋南北朝是中国历史上一个长期混战的时代，社会动荡，变革纷繁，南北对流，民族交融，互渗互促。从而造成了社会政治和思想文化的大变化，极大地促进了各民族文化的碰撞与交融，迎来了中国历史上一个思想极度自由的时代。独特的时代背景，尤其是宗教文化交流、中外民族互动造就的独特的时代风格使科技不断创新，成果迭出。

一、南北文化融合

魏晋南北朝时期，中国经历了三国（魏、蜀、吴）、晋朝（西晋、东晋），以及南朝的宋、齐、梁、陈，和北朝的北魏、东魏、西魏、北齐和北周。这是中国政治最混乱、社会最动荡的时代，但这个时期的文化是脱离政治的。脱离政治的文化缺少了现实意义，但从另一方面来说，它让文化思想更加活跃和自由，形式多样。例如魏晋时玄学盛行，南北朝时佛教兴旺，史学、文学也有所发展，尤其是文艺理论大发展，美术上佛教艺术兴起，出现了四大石窟，此外还有陵墓艺术，以及绘画和书法等艺术的成熟。这时期的艺术是具有独立性和自主性的。

魏晋南北朝时期既是战乱、分裂、动荡的时代，又是各民族文化融合的时代，长达4个世纪的战乱促进了各民族间的交流，也促进了陶瓷工艺的发展。尤其是北方大量人口为躲避战乱不断向南迁移，为长江流域及其以南的广大地区带去了生产力量和工艺技术，使当地生产力水平得到了提高，工艺美术生产的中心开始从北方转移到了南方。手工业者已经具有一定程度上的独立和自由，并被允许在一定范围内进行自主经营，这些变化带动了手工业者的积极性，因此在一定程度上促进了工艺技术的发展。这个时期浙江以及江苏等地的青瓷生产呈现了蓬勃发展的局面，瓷器制品规模大、质量高，作为商品，其流通范围遍及南北，已经具有相当的规模。

二、正式进入瓷器时代

中国瓷器在汉末成熟，至南北朝时期，手工业开始正式进入瓷器时代。

瓷器美观实用，坚实光洁。比起青铜器和漆器，它具有更高的实用性，并且成本低廉，制作方便。相比陶器，它更加坚固耐用，耐酸碱、好清洁。同时它的器身细腻光洁，装饰丰富，能够更好地满足人们的审美需求。因此瓷器逐渐代替了陶器、漆器、青铜器，成为日常生活中的主要用品。从这一时期开始，其后的陶瓷设计基本都以瓷器为主。而且这个时期出现了在同一件器物上绘有两种釉色花纹的陶瓷器，这对唐三彩及釉下彩瓷的出现有一定的引导作用。

此时的陶瓷器的花纹装饰与汉代相比，纹饰题材更为丰富，不仅有图案、花草，还有动物和人物等，并出现了佛像、飞天、忍冬纹和莲瓣纹等新题材。装饰技法也随之增多，包括贴印、刻、划、镂雕、模印、堆雕等。刻有莲瓣纹和镂空装饰的瓷器在东晋及南北朝时期颇为流行。三国至西晋时期，多在器物的肩部或口沿压印一两条网格纹或波浪纹，然后再配上一些弦纹和花蕊纹，显得秀气雅致。而且江南饮茶之风在这一时期开始渐盛，茶具大量生产。有的器型还贴印着铺首衔环及龙纹、虎首和佛像等贴花装饰。

东晋时期，使用压印及贴印纹的瓷器逐渐减少，一般瓷器多仅在口沿、颈、肩和足上等部位刻两道弦纹，不再加其他装饰。莲瓣纹采用了平刻、凸刻和模印等方法，花纹有尖有圆，有仰有覆，形式多样，一般多刻划在碗盘的外壁或盘钵的内壁，或壶、罐的颈或腹部，线条极为刚劲纤细。堆雕人物鸟兽作为器物的装饰，也是这一时期的工艺特点。两晋和南北朝时期采用人物堆雕装饰，如青瓷瓶上的仆人、卫士、坐像等。这个时期也有动物堆雕装饰瓷器，如鸡头壶，或以鸟兽装饰做盖钮等，有的将整个容器塑造成一种动物。

图4-5 （三国）青瓷羊形烛台（中国国家博物馆藏）

拉坯手法在这一时期已十分娴熟，其拉坯成型的圆器造型秀丽端庄，胎壁厚薄均匀，底足常有抛物线形的线割痕迹。而狮形器、青瓷羊（图4-5）、虎形等琢器则是以左右两片手工捏塑或模制成型后粘贴而成，接缝不明显。

三、造型和颜色釉

这一时期陶瓷包装容器在造型上更加多样化，在圆形的基础上，已能制造出各种方形、扁形及动物形容器，并逐渐摆脱了长期以来对青铜器物造型的附庸与模仿。随着汉末佛教的传入，陶工们将自然万物形态与外来的佛教文化相结合，创作出许多新的陶瓷包装容器造型。容器种类上更为丰富，功能上更加实用，装饰上凸显浪漫自然风格，陶瓷器物也成为生活在这个战乱时代的人们感悟生命意义和表达美好祝愿的精神寄托。

该时期代表性的包装容器有：四系罐、谷仓罐、莲花尊、鸡头壶、盘口壶、桶、扁壶、盖盂等。

谷仓罐（图4-6）是这一时期大量流行的随葬明器，上面多堆贴、捏塑有各种动物及人物、亭台楼阁，寓意五谷丰登、丰衣足食，是特殊功用的包装容器，其装饰内容折射出当时社会的生活方式及风俗习惯。

莲花尊（图4-7）的造型也极具时代性，它集雕刻、模印、堆贴、贴花工艺于一身，器身以飞天、莲花和神兽等形象进行表现，器物上堆

图4-6 （西晋）青釉陶谷仓罐
（美国大都会艺术博物馆藏）

图4-7 （南朝）青釉莲花尊
（中国国家博物馆藏）

塑有多层莲花瓣，整体犹如一捧盛开的莲花，素雅庄重，给人一种超然物外的意境。

这个时代的陶瓷制品充满对自然神灵的膜拜，极富佛教文化色彩，传达出一种宁静素雅的意境美和含蓄飘逸的自然美。器物上具有明显的民族交融痕迹。受当时门阀士族所追求的"秀骨清像"审美观念影响，南朝时期的包装器物造型开始向修长发展。北朝时期，北方地区生产出了白瓷。白瓷包装容器的出现为瓷器彩绘装饰艺术的发展开辟了广阔空间，使诗词书画、文学艺术在陶瓷包装容器上也有所体现，极大地丰富了包装器物上的文化信息，也使陶瓷包装容器形成了青、白两大类瓷系和陶器共同发展的局面。

总体来说，这时期陶瓷设计按地域来分，可分为南北两个体系，南方秀丽轻巧，北方淳朴厚重。按使用目的来分，大致可分为日用类、殡葬类、建材类和礼佛类。这一时期还出现了瓷质文房用具，如动物造型盂、瓷砚等都是文房用具。按材料类型来分，可分为青瓷、黑瓷、白瓷和釉陶四种类型。

青瓷色泽的形成，主要是由于胎釉原料中含有一定量的氧化铁，在还原焰气氛中焙烧所致。但有些青瓷含有的氧化铁不纯，还原气氛不充足，色泽便呈现出黄褐色或黄色。

东汉后期，浙江上虞地区已经开始烧制黑瓷。到东晋时黑瓷烧造技术更加成熟，以浙江德清窑所产黑釉（图4-8）为代表，釉厚如堆脂，色黑如漆。德清窑生产的黑瓷作品有鸡头壶、盘口四耳壶、碗、盘、钵等。此时的作品均手法简洁，不作花俏装饰，只是为破除整体

图4-8 德清窑黑釉鸡头壶

的单调感加有几道弦纹，器物造型端庄拙朴，配以黑釉，显得格外典雅，这是黑瓷不同于青瓷的独特之处。

这一时期，北方陶瓷领域成就最大的是在北齐时代烧成了白瓷。目前发现的白瓷实物较少，瓷胎较细，没有使用化妆土工艺，要把瓷土中铁元素含量控制在较低的程度。这时期的白瓷器釉色呈乳白色，并普遍泛青，局部釉厚之外仍然呈现出青色。

白瓷的出现是我国陶瓷艺术进入了一个新的领域的标志。人们可以在白瓷上进行丰富多彩、精致华丽的彩绘，无论釉上还是釉下，白色的底色比青、黄等色更显优越。白瓷的出现为彩绘瓷提供了最好的基础，从此以后，中国的陶瓷艺术和中国绘画艺术紧密地结合起来，其后的青花瓷、五彩瓷以及珐琅彩等均是在白胎的基础上孕育出来的。

第四节　秦汉、魏晋南北朝时期边疆地区陶瓷包装容器的发展

这一时期，边疆地区分布着众多少数民族，而这些少数民族丰富多样的生活习惯、文化特征和审美思想，都呈现在当时的陶瓷器皿上，使其造型既富有民族特色，又表现出与中原文化长期交流与相互影响的特征。

一、西南地区

（一）云南

云南陶器出现的具体年代，目前尚难明确，根据考古发掘材料估计，大约出现在6000年以前的新石器时代。云南新石器时代的陶器造型有碗、盆、罐、豆、壶、盘、钵、瓮等，基本上都是实用器具。氏族先民们制造陶器完全从实用、功利原则出发，没有纯艺术品。但是也有从原始宗教角度来制作的非实用器。例如，大理宾川县白羊村遗址出土的特小陶罐，没有任何实用价值，可能是原始祭器。此外，在保山施甸团山窝新石器时代晚期遗址中发现的陶祖，显然不是实用器，而是原始宗教的崇拜物。

商代末期至西汉末期，在云南考古学上属青铜时代。这个时代在艺术上最高的成就是青铜造型艺术，但此时的陶器造型艺术继承了史前陶器的传统并有所发展、有所进步。滇池地区史前陶器中有一种红陶浅盘，有平底和凹底两种，某些红陶盘的底部还有同心圆花纹。陶器造型的多样化，也是云南青铜时代陶器造型艺术的一大特征。以曲靖市珠街乡董家村八塔台青铜时代墓葬群为例，出土陶器的器型以平底器为主，器型有罐、壶、瓶、杯、钵、盘、盆等，也有圈足器豆、碗等；并且，出现了一批史前时期罕见的三足陶鼎，按这些陶鼎腹部形状的不同，又分为陶质釜形鼎和罐形鼎（图4-9）两种器型，数量多达40余件。

图4-9　陶质釜形鼎和罐形鼎

此外，滇西北地区发现的"安佛拉"式双耳陶罐，显然是我国西北原始文化影响下的产物。

东汉至南北朝时期，在云南经济较为发达的地区，如昭通地区、滇池地区、洱海地区，随着青铜时代的结束，奴隶制的消亡以及铁器时代的到来，封建地主制经济的确立，使陶塑艺术开创了一个新的局面。

首先，陶器器型多样化，除原有的壶、盘、碗、钵、罐、釜、豆、灯等器型外，还出现了过去没有的新器型，如博山炉、摇钱树等；其次，随着地主制经济的确立和汉文化的传播普及，出现了一批前所未有的陶塑艺术品，如多层陶楼、陶仓、陶水田、陶池塘（有些池塘内有蛙、鱼、龟、荷藕等）。陶塑动物有牛、马（图4-10）、鸡、鸭、犬等，陶俑则有侍从俑、持刀俑、庖厨俑、抚琴俑、吹箫俑等。

图4-10 （东汉）陶马首（昆明市博物馆藏）

（二）四川

四川生产陶瓷的历史悠久，新石器时代已有红陶玩具和黑陶、灰陶、彩陶实用品。

成都地区的陶瓷生产起源于两汉，至西晋、南北朝时已日臻成熟，到隋、唐时已高度发达。以青羊宫窑和邛窑为代表，集中展示了这一时期的杰出成就。

青羊宫窑属南方青瓷系列，其青釉色调富有变化，纹饰多种多样，有弦纹、朵花纹、草叶纹、联珠纹、卷草纹等。装饰工艺上除继承发展了刻划、模印、堆塑等传统工艺手法外，还出现了彩绘新工艺；尤其是黄、绿、赭等色的釉下彩绘瓷，对中国古陶瓷釉下彩的推广、普及具有重要作用。青羊宫瓷窑产品种类丰富，遍及日常生活的各个领域，其中以日常生活用品为主，为成都古代居民的主要生活用具。

邛窑是邛崃境内十方堂窑、瓦窑山窑、大渔村窑、尖山子窑等古瓷窑的总称（或称"邛窑系"）。邛窑的烧造年代从南朝到宋代，延续时间长，出土器物丰富，品种繁多，器型多样；从日常器皿到铃铛、小瓷俑、瓷器动物、省油灯等小饰物，都别具特色。后期邛窑使用匣钵装烧，使产品质量大为提高。其装饰工艺先进，尤其体现在青釉三彩瓷器的生产与釉下彩绘工艺的出现上。

巴蜀地区古陶瓷艺术自成体系，特色鲜明，具有极高的观赏价值、收藏价值。战国秦汉时期巴蜀制陶业快速发展，制品种类丰富，制造技艺精湛。汉代巴蜀陶器，最为突出的是陶俑和画像砖。

（三）贵州

贵州考古发掘的属陶质与陶瓷类的器物，占据了出土物中较大的比重，陶质文物多发现于汉代及之前的墓葬遗址中，其数量多且种类繁杂。其中一类囊括了各式生活器皿，如罐、豆、釜、瓿、壶等；另一类，则是作为明器出现的陶动物、陶建筑模型，以及各种陶俑。在贵州还有为数不多的约为魏晋南北朝时期墓葬中出土的青瓷，这种青瓷是具有欣赏价值的日用包装器皿。

贵州省博物馆现存瓷器中出土品以魏晋南北朝时期为多。1966年，贵州省博物馆考古组在安顺平坝县马场发掘的六朝墓出土了31件青瓷器。其中一件青瓷莲花罐（图4-11）为轮制，塑工精湛生动，现藏于贵州省博物馆。该莲花罐直口、无颈、圆鼓腹、平底，罐口下肩上置桥形的系耳六只，按单双相间对称排列，此系在陶瓷界被称为"桥型系"，是东晋至南朝时期陶瓷器的特征之一。但其浑圆丰满的器形，俨然受到西晋遗风的影响。此件莲花罐系耳下为凸弦纹两道，弦纹下紧接为堆塑双层倒垂莲花瓣，每层十一瓣，每瓣上都塑有八条筋，花瓣上下层交错重叠，堆塑精细、浑圆肥厚。外层花瓣直垂腹下，莲瓣边缘凸起，

图4-11 青瓷莲花罐（贵州省博物馆藏）

莲瓣尖端略微上卷；内层仅塑出瓣尖，夹于外层两片花瓣之间，其余部分则隐而未现，显得含蓄隽永。堆塑莲瓣纹生动、写实、立体感强，并与器形巧妙地融为一体，既美观又实用，颇具北方制瓷工艺的特色。

二、岭南地区

早在新石器时代，岭南土著民族就开始制作陶器，其生动的造型及朴素大方的纹饰反映出当地人们原始的审美观念和原始的美术成就。秦汉时期南越国继承了岭南先秦几何印纹陶的传统，又受中原汉文化的影响，制陶工艺进一步发展，形成岭南陶器发展史上的高峰。

南越国是秦汉时期南方重要的少数民族政权，是由赵佗于西汉初年（公元前204年）在岭南建立的地方政权，历5世，共93年，于公元前111年（即汉武帝元鼎六年）被汉朝军队击灭。南越国存在的时间虽不到一百年，但它地处岭南，独特的地理位置使其包装不但受东南少数民族文化的影响，同时还受到汉族文化的影响。汉文化的输入使这一传统少数民族地区的政治、经济生活等方面深受影响，形成了岭南地区不断被汉化的局面，这一点在包装陶质容器领域有着明显的表现。秦汉出土的南越墓葬和遗址中出土的器物以陶器为最大宗，多达数万件。

秦汉时期的南越陶器绝大多数都是具有浓郁地方色彩的印纹和刻划陶，以灰白胎的硬陶为主，凡挂釉的均为高温玻璃质釉，方格纹为地纹，几何图案戳印为主纹，拍打水印纹及刻划纹为主要装饰，说明当时的陶器已在陶质、施釉、纹饰、器形结合方面形成了自己的特点。

秦汉时期，南越民族的陶质包装容器出现了众多生动有趣的造型。这些陶质包装容器，不管是造型还是装饰纹饰都具有当时南越少数民族浓郁的特色。岭南地区出土了不少秦汉时期的陶罐器物，是数量最多和最常见的器形，有直口罐、盖罐等。陶罐一般特点为大口，短颈，深圆腹，底成圈足。作为包装使用的陶罐可用来储酒、储物，从储藏功能来看，陶罐都应该是有盖的，即为盖罐。

除盒、三足盒、格盒、罐之外，陶瓿也是陶质包装容器的常见种类，在岭南地区秦汉时期的墓葬之中，陶瓿是发现较多的包装器物，每个时期的陶瓿造型、纹饰都有明显变化，反映出当时的人民生活水平。

在岭南地区出土的陶质包装器皿当中，有些包装容器非常具有地方特色，有别于其他中原器物样式，例如将多个大小不一的小陶盒、罐连在一起的陶质双联罐、三连罐（图4-12）、四连盒、五连罐、八连盒等。这些独特的包装器物造型使得岭南地区的陶质包装容器变得活泼多样、富有生趣。

图4-12　陶质三连罐

三、西域地区

两汉时期是中原汉文化向西域传播的一个重要阶段，西域人对汉文化的吸收也是随着两汉王朝对西域的统一开始的。西域自古即是世界古老文明的交汇之地，是中西文化交流的枢纽。中原汉文化、印度佛教文化、古希腊文化及伊斯兰文化在此交汇。处于亚洲腹地的古代西域地区得天独厚，得以从各种古老文明中吸取精华，形成别具魅力的多元文化。

西域是多种宗教的交汇之处，文化具有多元性、开放性，但是有一定的断续性。古代匈奴、突厥、回鹘等草原游牧民族长期信仰腾格里，即使是迁徙到西域以后，仍保持着萨满信仰的习俗。其中的很多人后来皈依了佛教、伊斯兰教，也有的信仰摩尼教、拜火教。佛教约在公元2世纪中叶始传入西域，随之传入的还有佛造像艺术。

沿着丝绸之路干线，中原地区的产品源源不断地运往西方，同时，西方各国的珍禽异物、宗教思想也陆陆续续流入中原地区。丝绸之路带给人类社会更多的是物质和文化的交流。

自秦汉时期起，西域独特的文化结构已经成型●。它大致以天山为界，形成两个相互依存、各具特色的文化区。天山以南的南疆各绿洲以农耕为主，对外贸易发达；天山以北的北疆草原以游牧为主。

丝绸之路的长期繁荣，各种文化的交流和传播，使得居住或游牧于西域的各民族难以获得长时间回味、积累与体会的机会，为文化整合和文化体系的确立造成很大的困难，同时也使文化史产生诸多断裂。在相当长的时期内，西域如同中国境内的一个宽松自由的文化市场。

西汉政府在西域屯垦戍边，汉族人才成批来到西域定居，之后2000多年来，汉族人在西域繁衍生息，使汉文化在西域各民族中传播、发展，产生了深远的影响。两汉时，汉文化成为西域文化的重要组成部分，形成了以汉文化为主体的高昌文化圈。

西汉王朝的政治体制、经济文化，冶铁术、造纸术、制陶术等技术也先后传到了西域，扩大了汉文化在西域各民族中的影响。随着西域与内地文化、经济的交流和发展，西汉中央政府统一发行的货币在西域大量流通，汉民族的民间传统和信仰在高昌地区也广为流传。

东汉政府与西域各族联系频繁，汉文化在西域仍有发展。这一时期屯垦军把中原栽桑养蚕技术首先传到西域，为以后西域丝织业的兴起、发展打下了基础。

魏晋南北朝时期，西域的屯垦戍边不断衰落，西域的汉族人数也在不断减少，汉文化影响只是残存在少数地区和一些屯垦点。

南北朝时期，道教在高昌地区迅速传播和发展起来。在吐鲁番阿斯塔那墓葬中出土的大量随葬衣物中，普遍写有道教符咒及道教神名，还出土了大量道教内容的文书。

距今2000~3000年前，在吐鲁番、哈密等地遗址中发现有日常使用的器皿，如陶器、木器、皮囊和草编的篮筐以及制作其他器物的材料，用骨、角、铜制成的工具或武器等。

● 周鸿铎.文化传播学通论 [M].北京：中国纺织出版社，2005：265.

　　在新疆诸绿洲的原始文化遗址中，几乎都有陶器或其残片出土。一般认为在公元前3000～公元前2000年的新石器时期，西域居民已生产并使用陶质包装容器，常见的器型有钵、罐、碗等，后来圜底器逐渐增多，到公元前1000年后的早期铁器时代，器物的组合趋于简单，以钵、罐为主。这时的西域制陶业还处于较原始的阶段。

　　经考古学家的努力，在如今的新疆境内，东起哈密、伊吾，南到塔克拉玛干大沙漠边缘的皮山，西至伊犁河流域的昭苏等地的早期古代遗址和墓葬中，都发现了许多彩陶器。这些彩陶出现的时期较中原地区晚，但延续的时间较长，直到西汉时期的古墓中都有发现，而且一些器型能看出受到汉文化的影响（图4-13、图4-14）。

图4-13 （西汉）十二开光梯形纹彩陶罐　　图4-14 （西汉）茧型陶壶

第五章

唐宋时期陶瓷包装容器的发展

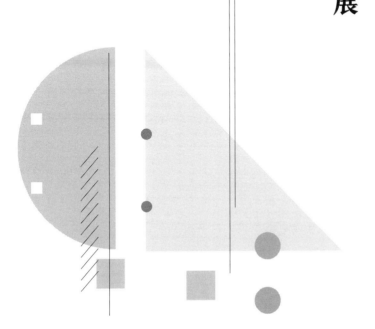

隋唐时期是中国封建社会发展的强盛阶段，陶瓷包装业和工艺技术等也取得了空前的成就，并在前代的交融发展基础上形成了各具地方特色的陶瓷窑场和包装制品。发展到宋代，陶瓷包装容器不但种类繁多、工艺精湛，而且产品也各具特色，出现了定、汝、官、钧、哥等五大名窑和遍布南北各地的民间民窑，显示了宋代制瓷业的卓越成就和高超水平。

第一节　隋唐五代十国时期陶瓷包装容器的发展

在中国历史上，隋朝是一个重要的时期，它结束了魏晋南北朝长达数百年的乱世。其后，经过唐初的休养生息，社会经济很快又恢复到了战乱前的水平。而五代十国则是在安史之乱后，是一个大变革、大动荡的年代。据资料记载，隋唐时期开始，陆续有100多个手工业行业兴起，包装设计生产归手工业行业监督管理，促进了包装设计、包装生产的发展。各种各样的包装容器大量使用，全国仅陶瓷生产就出现了许多有名的大型窑场地，设计生产出了许多著名的陶器、瓷器。

一、盛世繁荣

隋朝统一全国后，从中央到地方建立起一整套十分缜密的统治体系，大大加强了中央集权，推动了社会经济文化的繁荣和发展。继之而起的唐朝则全面承袭了隋朝的制度，又在此基础上加以调动改革，从而开启了近300年的辉煌时代。

唐代是古代中华文明发展的巅峰时期，盛唐时期经济繁荣，文化灿烂，国力雄厚，声威远播。唐朝是继西汉以后出现的又一个且比西汉更为强大的帝国，是中国历史上统治时间最长的王朝之一，也是疆域最为辽阔的王朝之一，是中国多民族发展的重要阶段。唐朝丝织品、唐三彩、瓷器、金银器、铜镜等手工业成果多姿多彩；印刷、造纸、天文、历法、地理、史学、医药学等都取得了重大进展；书法、绘画、雕塑等艺术成果美不胜收；传奇、散文等文学成果流芳百世，唐诗更是光耀千古、脍炙人口，在中国文学史上树立了一座丰碑。这些文化成就为陶瓷艺术的发展提供了良好的环境。

隋朝京杭大运河的开通缩短了南北经济和文化艺术交流的距离，为唐代陶瓷业的繁荣创造了条件。唐代政治开明、经济繁荣、外交广泛、文学与艺术兴盛，商业的流通和市场的兴旺促进了陶瓷手工业的发展。中国与亚洲其他国家、非洲及阿拉伯等国通过丝绸之路在经济、文化、商贸等方面的交流日益密切。行业间的竞争促进了新工艺的出现和器物造型的不断创新。行业内部分工细化，人员队伍的相对稳定化、专业化和系统化，均促进了陶瓷包装容器技术与艺术的发展。

如"南青北白"的青、白瓷艺术和花釉、绞胎、釉下彩、唐三彩等具有地方特色的陶瓷包装容器交相辉映。此时有的窑口所生产的产品还供皇家所用，形成了官营和民营并存的局面，如越窑、邢窑、长沙窑、巩县窑等。唐代民窑产品种类丰富，器物处处体现出美观实用的原则，在包装容器上创造出许多新的造型。

文学、艺术及手工业的繁荣兴盛也为陶瓷包装容器的装饰内容大大增辉，器物釉色多仿金银器及玉的色泽，追求类玉似雪的效果，在装饰题材上还大胆地吸收了异域文化中的精华。在唐代主流审美的影响下，陶瓷包装容器在造型与装饰风格上处处流露出雍容华贵、富丽堂皇的盛唐气象。为满足当时人们对造型与装饰的时尚追求，陶瓷包装容器整体装饰色彩从魏晋南北朝时期的清淡素雅迈向富丽华贵，造型从简洁单一演变为形制多变。这一时期的陶瓷包装制品在工艺与审美上得到了高度的统一。

隋代代表性的陶瓷包装容器有鸡头壶、四系瓶，唐代执壶、粉盒、三彩盖罐等陶瓷包装容器也均具有时代特色。唐代执壶的大量生产反映了当时酒文化和茶文化的繁荣发展。器物造型多取材于日常生活元素，容器主体部分多丰润饱满，附件部分则精巧玲珑，在器物的口、腹、流、系等部位设计上多有创新。

唐代出现了质地坚硬、釉面光洁的白瓷，各种名瓷制作中心生产制作出了很多优秀的陶瓷器具。

唐朝是注重对外开放，与世界联系密切的时代。尤其是盛唐时期，中外经济文化交流空前频繁，不仅使中国包括陶瓷在内的手工业在亚洲各国广泛传播，并远达欧洲、非洲，同时还大量地吸取了外来文化元素，使中国陶瓷艺术更加丰富多彩。由于对外的频繁交流，使得唐代的陶瓷在设计生产中，既继承了本国优秀的艺术传统，又吸收了外国的工艺特色且加以消化融合，出现了新的陶瓷设计风格。

二、生活方式变化

隋代，仍以青瓷生产为主，白瓷产量也大幅增加。绿釉陶瓷的艺术水平很高，远远超过北朝釉陶的水平。自隋开始，瓷业发展主要在江南一带的状况有所改变，开始了从大河南北扩展开来的北方瓷业发展的新时期，这一变化成了唐宋瓷业大发展的先导。其中，又以白瓷生产最令人瞩目。

唐代，越窑青瓷、邢窑白瓷和黑瓷、巩县窑的青花瓷器和三彩釉陶，皆表现出精湛的制作工艺。湖南长沙窑和四川邛窑的青花釉下彩工艺别具一格。印度、斯里兰卡的联珠，忍冬、缠枝蔓草，袒胸露腹、薄衣轻纱的西域舞蹈人物，骑射的勇士等纹饰，在唐代青瓷、白瓷、花釉瓷、釉下彩瓷中均有所体现。中国的陶瓷包装容器设计在这一时期更加光彩夺目，丰富多彩。

隋唐五代陶瓷的造型发展和演变，可分为三个时期。早期流行大型器皿，且多是平底或圆饼底。中期大型器物开始减少，器皿肩上的耳系减少，出现圈足。到了晚期则有了成套的盏、托、壶、杯等更加精巧的造型，并且圈足增高。也就是说，隋唐五代时期，陶瓷器皿的造型变化是由大到小，逐渐精巧化的。

随着建筑技术的进步，西晋以后，西北的少数民族先后进入中原，在生活方式上与汉族产生碰撞和融合，汉族人民的家具开始变高增大，这种变化到了隋唐五代时期走向了高潮。随着人们逐渐习惯于高凳大床的生活方式，日用器皿也从直接放置在地上的模式开始向桌面转移，因此，为了方便放置在桌上使用，其体积自然也从大到小开始转变。

隋唐时期，社会上饮酒、饮茶的风气兴起，加上文人雅士对此行为的品评和讴歌，对陶瓷工艺的发展起到了促进作用。因此，隋唐时代的陶瓷业取得了很大成就。这一时期，陶瓷逐渐代替了金属、漆器等包装容器，成为主要的生活用品材料，用作饮食器、盛贮器、生活用器、文具、娱乐器、家具等。

唐代以前，各地使用茶具的情况比较杂乱，除一般的碗、杯外，一些地方还有用酒器来饮茶的情况。唐代中期，陆羽在所著《茶经》一书中，对唐代各地所产的陶瓷茶具做了细致的比较和点评。由此可见，这一时期，专业茶具套件（图5-1）已经十分普及和盛行了。

唐代的茶具造型更接近于碗的造型，而不是杯的造型。与茶碗相配套的茶壶在西晋就已经出现，从晋到隋，茶壶的形式多是鸡首壶或羊首壶，鸡首和羊首就是壶流（俗称壶嘴）。到了唐朝，茶壶被称为茶注，或称注子、水注，这时的壶形，普遍以矩形小流代替了过去的兽首流，这是因为前者比后者能更好地出水，使用也更为方便。宋以后饮茶工具改成了盏，这也是饮茶风俗逐渐发展改进的结果。

图5-1 （唐）茶具套件

三、南青北白

唐代的北方白瓷出现后，南方青瓷仍继续发展，北方烧白瓷的窑也兼烧青瓷。

南方越窑青瓷代表着当时青瓷的最高水平。青瓷窑仍然集中在上虞、余姚、宁波等地，这些地方形成了庞大的瓷业体系，产量巨大，是唐、五代直到北宋的大规模青瓷生产基地，不仅向全国销售，而且从宁波通过海路输出国外。

初唐越窑瓷基本保持南朝和隋代的风格，到中晚唐质量明显提高，器型依社会需要而创新。例如，做主要餐具的碗形容器增多，有荷叶型、海棠式、葵瓣口等多种样式。用作酒器的执壶产量增加，器型越发优美，注酒更为方便。

五代时，越窑青瓷被称为"秘色瓷"。早期只在法门寺地宫中有发现，后来于浙江慈溪后司岙窑遗址又有所发现，目前对秘色瓷的工艺还在研究中，图5-2为法门寺地宫中发现的青瓷瓶。

南北朝时期便出现了早期白瓷，但其釉的白度、硬度和吸水率都还达不到现在白瓷的标准。到了隋唐时期，其质量才得到了显著的提高。

在西安郊区李静训墓出土的白瓷，胎质较白，胎釉已经看不出泛青或泛黄的现象。尤以龙柄鸡头壶和龙柄双连传瓶最为精致（图5-3）。白瓷真正成熟的时期还是在唐代。

在唐代，我国北方河北的邢窑、曲阳窑，河南的巩县窑、密县窑、登封窑、郑县窑，陕西的耀州窑，山西的介休窑、平定窑、浑源窑等都曾大量生产白瓷，这些地区已成为当时白瓷的生产

图5-2 （五代）秘色瓷瓶

图5-3 （隋）白釉龙柄联腹传瓶

中心。白瓷不仅生产地区多而且质量也高，其中尤以邢窑和巩县窑生产的白瓷最为突出，与南方盛产的青瓷相对应，形成唐窑"南青北白"的局面。

邢窑白瓷所用黏土原料已经非常精细（图5-4）。邢窑产品造型工整精细、注重质美的特点，尤其以茶具最为理想。晚唐起，曲阳涧磁村白瓷逐渐兴旺，邢窑瓷逐渐不再为人称道。

图5-4 （唐）邢窑白釉执壶（扬州博物馆藏）

四、彩光初现

釉下彩是唐代制瓷工艺的成就之一，其特点是纹样保存完好，色泽经久不衰。比较有代表性的窑口是湖南长沙窑的铁锈花和河南巩县窑的早期青花。

湖南长沙窑始于唐，终于五代。长沙窑瓷样式为唐代瓷窑之冠。主要是对器物的口、腹、系、流部位进行变换，使之更加实用美观。长沙窑装饰工艺技术的成就是釉下彩绘铁锈花，在泥坯上先以含氧化铁或氧化铜的色料绘上褐色彩斑，再施以青釉，入窑高温烧制后呈现出褐色的花纹。这种釉下彩绘，为陶瓷史上的首创，同时也突破了青釉瓷单一色彩的传统，开启了釉下彩绘技术的先河（图5-5）。

图5-5 （唐）长沙窑青釉褐绿彩鸟纹壶（中国国家博物馆藏）

江苏扬州唐城考古中曾发现唐代的青花瓷片，后来河南的考古工作者在巩县窑址中也发现了青花瓷片。

隋唐五代，在青白瓷之外，还有一些较为精美的瓷器品种出现，花瓷就是此时陶瓷工艺的突出成就之一。花瓷，又称花釉瓷，指一种在黑色、黄色、蓝色、褐色釉上饰以月白色或灰白色彩斑的瓷器。花瓷的器型比较单一，常见的有各种形式的罐、壶、瓶、三足盘、拍鼓等。目前考古认为，花瓷是河南地区的特产，禹县花瓷可能是宋代钧瓷的前身。

五、兼包并容

隋唐时期的陶瓷包装容器的发展设计在承袭前代的基础上有所创新。相比较而言，隋朝时期的造型更具有六朝器型修长秀美的特点，而唐朝的造型则日趋饱满圆润，体现了丰硕雄健的盛世之美。

直到隋唐时期，陶瓷器皿独有的精美艺术美感和实用价值的典型器皿造型开始出现了。在随后的宋代更如泉水般喷涌而出，经典款式让人目不暇接。

唐朝的陶瓷包装容器造型设计中，已经大量出现各种各样模仿植物的优美造型，仿生对象由动物逐渐变为植物。这是由于社会生产力水平提高，人类开始有些闲情雅致了，注意力渐渐转移到花草植物身上，这也是农耕文化的一种体现。这个时期的植物仿生对象主要是以花朵和瓜果为主。

相比动物的造型而言，植物的造型更接近单纯的几何化造型，植物的花、叶、果、茎等更容易拆分、重组、简化和变形，能够更好地运用到陶瓷器皿的设计中去，达到功能和形式的统一。

仿动物和仿植物，这两种形式的仿生设计在今后的中国一直并行发展着，并且不断推陈出新，彼此互补。

这一时期，随着中国与中亚、西亚等地区的频繁交流，使得中外文化艺术相互融合，在陶瓷的造型上，受到外来文化因素的影响很明显。同时，由于生活饮食习惯的变迁，陶瓷器物的种类和造型也得到改进。而随着陶瓷工艺技术的逐渐发展和进步，陶瓷包装器具的形制也从模仿青铜器、漆器等造型的时代，逐渐发展到产生专属于自己的造型时代。

经过几代王朝的开拓，到了唐朝，丝绸之路的贸易出现了鼎盛局面。而在同时，在海外贸易以及文化交流需求日益扩大的刺激下，唐代的海上丝绸之路作为陆地丝绸之路的补充，也大大地繁荣了起来。从唐代开始，瓷器逐渐成为中国对外输出的最大宗商品，因此，海上丝绸之路又被称为"陶瓷之路"。

经由丝绸之路所产生的中西文化的相互撞击、融合，使唐代文化艺术散发出激动人心的夺目异彩。唐代众多陶瓷制品的造型充分体现出那个繁花似锦的时代风貌。

初唐瓷器盛行"胡瓶"，这是汲取外国工艺品中优美的造型，并结合本国的特色而生产的一款瓷器。中国国家博物馆收藏的一件唐代青瓷凤首执壶，其原型来源于波斯鸟口银壶，其壶身和壶柄的造型基本保持了原来的大型，只是在尺度上有所调整，并把宽大的底足去掉，同时把原本是鸟口造型的壶口进一步改成具有中国特色的凤头，这一改进既保留了银壶原来的造型特点，又不露痕迹地加入了中国的文化元素（图5-6）。

图5-6 （唐）凤首龙柄青瓷执壶（左）与波斯鸟口银壶（右）（中国国家博物馆藏）

唐代的外来文化除了来自较远的西亚、东南亚地区外，还包括契丹、突厥等较近的少数民族。唐代的陶瓷包装容器造型设计也受到了这些少数民族的影响。例如唐代的白釉瓷仿马镜壶，形状是仿契丹族使用的皮袋容器。瓷制马镜壶的造型从唐代开始一直有生产，后成为一种特有的造型形式。

唐代陶瓷包装容器融合了中西方文化中的艺术造型，并将绵绵不断地影响着后世器物的制作。

隋唐五代时期陶瓷包装容器设计的装饰方式十分丰富。主要有印花、划花、洒花、堆贴、绞胎等方式。这个时期的陶瓷装饰特点是构图圆润饱满，色泽绚丽多彩，开创了以书法诗词文字作为装饰的先河。此时的陶瓷制品受到外来文化的影响比较明显，出现了一些反映中外文化交流的装饰纹样。

例如中国国家博物馆收藏的青瓷双螭耳尊（图5-7），装饰上包括龙、葡萄和葡萄叶等纹样。葡萄是西域特产，瑞兽的造型是中国传统纹饰，中国传统的瑞兽和葡萄两种纹饰加以结合，创作出来了富有神秘浪漫色彩的动人之作，应该是唐代工匠受到丝绸之路传来的西方艺术的影响之后的作品。

图5-7 （唐）青瓷双螭耳尊
（中国国家博物馆藏）

此时长沙窑的瓷器是唐代的主要出口品之一，日本、朝鲜以及东南亚和西亚等国家也都有出土。出于对外来文化的喜好和迎合输入国的趣味，长沙窑的许多瓷器图案都采用胡人乐舞和葡萄等带有异域色彩的图案。

唐代是中国古代历史上最为辉煌的时代，最开放也最自信。唐代社会生活丰富多彩，文化艺术众彩纷呈、绚丽多姿、浓艳张扬，华丽饱满的色彩，也体现在当时的陶瓷装饰上。

这一时期，彩釉陶的工艺有了一个大飞跃，在同一器物上，黄、绿、白或黄、绿、蓝、赭等基本釉色交错使用，形成了绚丽多彩的艺术效果，即"唐三彩"。这种色彩效果斑斓明丽，光彩夺目，不仅受到唐人的喜欢，朝鲜、日本、西亚古国波斯也都受其绚丽夺目的色泽所影响，烧制成了与之类似的"新罗三彩""奈良三彩""波斯三彩"等，可见其巨大的艺术魅力。

同时，彩瓷釉料的工艺也得到了发展，出现了很多色泽饱满丰富的彩瓷作品，即花釉瓷。唐人还发明了绞胎工艺，可以呈现出类似年轮、大理石纹理的艺术效果，所呈现的色彩纹理十分自然且变化多端。

唐代瓷器虽然颜色饱满绚丽但却不流于艳俗，虽然造型奔放自然但绝不粗糙随便，优美又不失大气，细节丰富却不烦琐堆砌，这正是物质与精神都丰硕富有的盛世才能达到的审美高度。

第二节　两宋时期陶瓷包装容器的发展

两宋时期商业的繁荣远远超过了唐代。手工产品的制作呈现出大众化、艺术化的特征，器物制作普遍精致考究，一些日用品都可以当作工艺品。宋代的手工业非常成熟，已经普遍发展成为商品生产，为了适应市场竞争的需要，不少手工产品都标注有出产地、店铺名称或制作人姓氏。各行业手工业者极尽天工奇巧，使得各类产品争奇斗艳，呈现出一派繁花似锦的景象。

一、对外交流的扩大与影响

宋朝分为北宋和南宋，是中国古代历史上经济、文化、教育与科学创新高度繁荣的时代。宋朝时期，出现了宋明理学，儒家复兴，社会上弥漫着尊师重道之风，科技发展也突飞猛进，政治也比较廉洁开明，整个宋朝少有严重的地方割据和宦官乱权的政治灾难，民乱、兵变的次数在中国历史上也相对较少。宋朝长期以来都秉持重文轻武的政治策略，在经济文化等领域依然取得了很大的进步。

这一时期，出现了许多手工业与商业兴旺的集镇。在当时，许多瓷窑集中地本身就是繁荣的市镇，形成"窑场环设，商贾云集"的局面。北宋的东京与南宋的临安，不仅是当时的政治中心，也是有百万人口的消费城市与集镇，它们也都是陶瓷的市场。

当时的社会，斗茶风尚日益盛行，人们的生活也更加精致，注重居室陈设，直接或间接促进了瓷器向高档次、高品质名瓷的发展，因而造成我国宋代器物的造型追求"精而便，简而裁，巧而自然"。❶造船技术

---

❶ 黄宗贤．中国美术史纲 [M]．北京：人民美术出版社，2014：307．

的进步与火药、指南针的发明促进了陶瓷远洋贸易的发展，扩大了陶瓷包装容器的对外交流，也刺激了各地陶瓷业的发展。

宋代文人极力追捧青瓷。官窑制度的完善，使陶瓷容器的生产更加专业化、系统化，促进了产品工艺水平的提升和各地民窑产品的百家争鸣。

与宋并存的辽、金、西夏王朝，其陶瓷包装艺术也不同程度地受到宋代陶瓷艺术的影响，并形成了具有独特地域风格和民族意识的陶瓷包装容器，丰富了陶瓷包装容器产品的品类。

二、各具特色的瓷窑体系

（一）瓷窑遍布

宋瓷在中国艺术史上有着重要的地位。它以高度发达的单色釉著称。宋代制瓷手工业是在唐和五代的基础上发展起来的。瓷窑遍布全国各地，目前在全国19个省170多个市县发现宋代瓷窑窑址1000多处。汝、钧、官、哥、定是当时的五大名窑。此外，景德镇窑、磁州窑、耀州窑的产品也极负盛名。由于各地瓷窑烧造瓷器的工艺、釉色、造型和花纹装饰各不相同，逐渐形成了各具特色的瓷窑体系。有定窑系、磁州窑系、钧窑系、龙泉窑系和景德镇窑系等。

宋瓷无论是在陶瓷产量还是艺术质量方面，都取得了很高的成就。相比唐瓷，宋瓷的釉色种类增多，装饰技法也更加成熟和丰富。陶瓷制作的许多生活用品，几乎代替了金属和漆器等制品，成为社会生活中最为重要的日用器具。宋瓷还远销海外，成为当时海外贸易中的重要商品。

（二）五大名窑

宋代五大名窑之说，始见于明代皇室收藏目录《宣德鼎彝谱》："内库所藏汝、官、哥、钧、定名窑器皿，款式典雅者，写图进呈。"五大名窑各有特点（图5-8），为瓷业做出了巨大贡献。

汝窑洗　　　　　　　官窑套盒　　　　　　　哥窑鱼耳炉

钧窑玫瑰紫釉海棠式花盆　　　　定窑白釉划花萱草纹葵瓣口瓷碗

图5-8　五大名窑瓷器

定窑以烧造白瓷为主，多采用刻花与划花方式，碗盘也多使用印花纹，线条清晰，构图繁而不乱。纹饰包括人、动物以及花草植物等。

汝窑专烧青瓷。汝窑瓷目前流传于世者不足百件，排于宋代五大名窑瓷器之首。汝窑瓷器以盘、碟、盆、碗居多，且大的少，小的多。多具矮圈足，满釉，底部都带支钉痕迹。

官窑是所制产品全部供宫廷专用的瓷窑，其产品不再作为商品进入市场。这种官窑共有三个，即浙江余姚的越窑、河南开封的北宋官窑和浙江杭州的南宋官窑。五大名窑中的官窑主要是指南宋官窑。官窑瓷器多仿商、周、秦、汉时代的青铜器造型，形制规整美观，风格古朴典雅，以碟、碗、杯、盘、洗等日用器皿的造型为多，尺寸以小件居多。

钧窑以其烧造规模之大、传世品之丰富、质量之精美著称，早已形成钧窑系。钧窑属于北方青瓷系统，以窑变釉闻名。钧瓷创用铜氧化物做着色剂，于还原气氛下烧成铜红釉，为陶瓷制造工艺和陶瓷装饰美学开辟了新路。钧瓷在宋、金、元时代的主要成品是盘、碗、花盆、香炉等，供宫廷和民间使用。

哥窑最早见于明代文献记载，属于龙泉窑，以开片瓷闻名。至今的哥窑传世产品，民间流传极少，都很具官窑的特点和风格，可视为龙泉窑仿制官窑的产品。

（三）耀州窑和磁州窑

耀州窑位于陕西铜川，主要采用以煤为燃烧还原焰的瓷窑技术烧造。耀州窑始于唐代，在唐代时期耀州窑多产黑釉或素地黑花瓷，五代时该窑以烧青瓷为主，青瓷的烧造技术已经十分成熟，青釉有青绿、灰绿、天青、淡天青等色调。还烧造少量黑、酱色釉瓷。成品造型华美秀丽，多仿金银器。耀州窑产品以日用包装器皿为主，器型有碗、盘、瓶、罐、壶、香炉、香薰、盏托、注子温碗、钵等。其中以碗的造型最具特色，耀州窑碗的造型一般呈喇叭形，外形作莲瓣状。还有被称为"小海鸥"的杯型，口缘外卷，如海鸥之展翅，精巧可爱（图5-9）。

磁州窑位于河北磁县一带，是我国北方最有代表性的民间瓷窑，也是宋代最大的民窑体系。东北地区的辽瓷，很多技艺取自于磁州窑。磁州窑至今仍在生产，时间长达10个多世纪，这是中国瓷器史上少见的。磁州窑最明显的特点是胎体厚重，瓷质粗朴（图5-10）。磁州窑瓷器造型质朴大方，纹饰生动有力。其豪放的白地黑花纹饰和生动活泼的剔花，为陶瓷从釉色装饰向彩绘装饰发展打下了基础。其中白釉釉下黑彩

图5-9 （宋）耀州窑"小海鸥"卷口杯

图5-10 （宋）磁州窑白地黑花开光鱼纹梅瓶（中国国家博物馆藏）

是磁州窑瓷器主要的装饰方法。这种"磁州装饰"瓷器对朝鲜、日本、越南、泰国等国家的瓷器发展有较大影响，在世界陶瓷史上也有一定地位。

（四）南方瓷窑

景德镇位于昌江南岸，景德镇窑直到唐初才能烧造瓷器。景德镇窑瓷器的种类很多，有杯、碗、瓶、碟、罐、各种酒具、镂空香薰、各式小粉盒、瓷枕等。以划花、刻花、镂刻工艺和点彩做装饰，花纹活泼清秀，还有印花工艺，图案严谨，类似宋代织锦，与釉层相映，淡雅秀丽。景德镇宋代开始烧制有刻纹的青白釉瓷器（图5-11），宋代称为"青白瓷"，清代称为"影青瓷"，是仿照青白玉的外观而发明的瓷制品。影青瓷在造型、胎的致密度、白度以及透光度方面，都是当时其他种类的瓷器所不及的，是宋代景德镇的创新瓷种。

龙泉窑是在越窑系统基础上在北宋时期发展起来的，在南宋达到鼎盛，而与此同时，原越窑日渐衰落。龙泉位于浙江西南部，与福建交界，温州成为龙泉瓷的主要出口口岸，此外，还可以从杭州、宁波出口。龙泉瓷早期产品主要是碗、盘、壶等包装容器，盆、钵、罐较少，装饰以刻花为主，兼有篦点或篦划波纹、蕉叶、云纹和莲瓣纹等。中期以后，器物造型增多，炉、瓶、罐、塑像等出现，仍多用刻花作装饰，碗心有"金玉满堂"等吉祥语。晚期质量明显提高，成功地烧造出了粉青（图5-12）和梅子青釉色，这是龙泉窑的突出特点和风格，是青釉瓷的最高成就。

图5-11 （宋）青白釉刻花花瓣形碗　　图5-12 （南宋）龙泉窑粉青棒槌瓶

建窑位于福建泉州，始于唐代，盛于宋代，衰于元末。油滴和兔毫是建窑也是我国传统黑釉陶瓷中的名贵品种（图5-13）。在日本，凡施黑釉的陶瓷，以至不施黑釉但形似建盏的陶瓷器都叫天目，如油滴天目、兔毫天目、木叶天目、吉州天目、濑户天目等。实际上，宋代茶盏有五种釉色，即黑釉、酱釉、青釉、青白釉、白釉，不过黑色更受斗茶者推崇。

吉州窑位于江西吉安永和镇，始创于唐，发展于北宋，鼎盛时期是南宋，元初趋于衰落。吉州窑产品种类繁多，最有名的是黑釉瓷吉州天目釉，此外还有青釉、绿釉、白釉等，器型有碗、瓶、盘、缸、壶、炉、玩具等。吉州窑讲究装饰，采用剪纸贴花、树叶贴花、彩绘剔花等装饰技法，十分精美。它的窑变斑、油滴斑、玳瑁斑（图5-14）、木叶天目、剪纸漏花是最有名的黑瓷品种。

图5-13 （宋）建窑兔毫盏（广西壮族自治区博物馆藏）　　图5-14 （宋）吉州窑玳瑁釉盏（中国茶叶博物馆藏）

三、宫廷、民间和宗教用瓷

宋代出现了专为宫廷烧制瓷器的四大官窑，由此揭开了宫办瓷窑的序幕，开辟了瓷窑管理的新途径和新方法。宫廷用瓷的精益求精也带动了民间陶瓷包装容器的发展，并且由于受到宗教影响，在设计上也表现出独特的艺术风格。

（一）宫廷用瓷

制瓷业在宋代发展得突飞猛进，这与宋朝政府对制瓷业的关注和管理是分不开的。宋朝除各地方政府沿袭前朝设立官窑生产瓷器以外，北宋后期，中央政府也开始置窑产瓷。

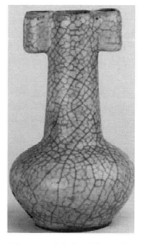

图5-15 （宋）哥窑贯耳瓶
（北京故宫博物院藏）

宋朝的陶瓷包装容器造型追求恢复古制，讲究清逸典雅，尤其是官窑瓷器，大量生产仿古铜、古玉的器型。其造型古朴雅致、格调规整。北京故宫博物院藏的"哥窑贯耳瓶"（图5-15），长颈规矩严格，侧影接近于长方形，器腹外凸，圆底显得浑厚、稳定。在瓶口配置了向外扩出的双耳，整个造型简朴凝重、风骨清瘦。这种贯耳瓶实际是取自古礼中祭祀常用的青铜器造型，此外宋代官窑还大量烧造仿鼎、炉、鬲等用作礼仪雅器的陶瓷器物。

北宋朝廷较前朝更为广泛地接纳各地进贡的瓷器。在贡赋制度下，朝廷为了保证物品的质量，设置了非常严格的标准，这种标准在瓷器领域同样存在，称为"官样"。宋代宫廷瓷器颁样制度在后世得到了继承。元代宫廷用瓷和政府机构用瓷均是元朝政府由将作院下属的画局提供纹饰样式，交由浮梁瓷局制作的。明代从洪武时期开始，烧造宫廷用瓷器便有"定夺样制"之规。清代御窑厂烧造宫廷瓷器的样制主要有瓷器实物、画样以及旋制木样。

（二）民间用瓷与外销瓷

宋代民窑瓷器的造型也受到青铜器造型的影响，但相比青铜器更灵活实用一些，如在宋代各地窑场广为烧造的梅瓶造型，瓶肩丰腴，瓶身纤细，瓶腹以近乎直线的趋势内敛，犹如窈窕淑女，娇艳却不显轻佻，端庄又不失妩媚，给人以圆润修长、轻盈俏丽的感觉。宋代大兴文治，统治阶级和封建文人迷恋世俗田园，寄情于世外山水花鸟的自然风景，因而宋代的陶瓷装饰往往追求的是细致工整、奇巧精美的艺术风格。

宋朝政府十分重视海外贸易，实行自由对外贸易政策，大力推动瓷器输出（图5-16）。瓷器输出自唐开始，但唐时未有文献记载。到了宋代，瓷器已成为当

图5-16 "南海一号"中大量的宋瓷

时出口商品的大宗。宋代瓷器外销的重大发展带动了瓷器生产格局的显著变化，沿海地区的瓷窑大量兴起，以优越的地理位置为出口提供巨大便利。另外，瓷器也是宋代政府外交往来器物的一种，瓷器在宋朝外交中占有一席之地。

（三）儒释道合一

宋代这个特殊的时期，人们简朴的生活以及艺术审美，与儒家、佛家、道家的思想相互碰撞、升华，逐渐出现了清新雅致、宁静致远的审美观念，并且日益成熟，给贵族和宫廷高贵丰腴的传统审美带来了极大的冲击。

宋代的佛、道、儒三教，走向合一的趋势越来越明显，佛、道两教的发展均呈现出新的特点。宋朝统治者认为佛、道、儒三教各有用途，奉行三教同治理论。因而，宋代优礼儒士，佛、道流行，三教信奉的各神也普遍受到尊奉。如此一来，整个社会人心较为稳定、趋于和谐，利于经济发展与文艺繁荣。

宋朝统治阶级极为崇尚道教，推崇修身养性、平易质朴的程朱理学，因此在陶瓷釉色上追求的是一色纯净，反对人为藻饰。

宋代的文人喜读佛典，促成了佛教的儒学化，并使文人佛学成为宋代佛教最具活力的内容。《坛经》作为中国佛学儒学化的代表作，在艺

术观念上，也对宋代文人画、写意画、水墨画、禅画、书法以及工艺美术等产生了重大影响。

禅宗把人世间的一切都当作是虚幻的，陶瓷在这个时期受到了禅宗美学的很大影响，在陶瓷之中禅宗美学的身影随处可见。青白瓷釉色的最大特点就是青中有白，白中隐约透着青，体现出了一种淡泊的境界，是一种浑然天成的釉色，是对禅宗的一种诠释，青白瓷和"无"的境界最为相近，是禅宗中南宗所追求的境界（图5-17）。在装饰方面，青白瓷的装饰通常都是比较含蓄的，采用的装饰大多是暗花纹，这和禅宗对事物

图5-17 （北宋）景德镇湖田窑青白釉瓷佛坐像

的审美观念有一定的联系。暗花纹的陶瓷装饰，既没有抛弃使用花纹装饰的美，也没有破坏釉色的完整，更给花纹装饰增添了丰富的一笔，突破了传统的单调装饰，使得花纹变化性更强。

随着宋代士大夫之政、士大夫之学的空前统一，士大夫集团的文化性格最终形成，而文人画也由此肇端，并影响至陶瓷美术，也决定了后世一些基本的美学特征：即在美学目标上体道、艺术立场上强调士气、艺术操作层面要求传神而忽略形似。

宋代的陶瓷艺术，受到理学观念和士大夫文人意识的双重特质影响，具有典雅、平和的艺术风格，严谨含蓄，很少有繁缛的装饰，使人感到一种清淡的美。文学思想上，除了宋代初期淫辞丽藻、婉约浮华的作风外，追求的是平淡自如、通达舒畅的风格。

四、两宋时期"百花齐放"的陶瓷包装容器

宋代是我国陶瓷发展史上的繁荣时期，这一时期的工艺技术尤为丰富和精湛，官窑和民窑相互激荡，各地产业相互竞争。在工艺、造型、釉色和装饰上，极具风格特征，又在地域分布上表现为交错关联、相互

仿效，使得中国制瓷业呈现出"百花齐放"的现象。

（一）娴静淡雅与温文尔雅

宋朝社会重文轻武，儒学昌盛，理学和禅宗思想深入人心，整体社会风气十分内敛和自律，人们的文化修养程度很高，追求淡雅和清泊的生活境界。因此宋瓷的造型特征和六朝时期有所相似，外形线条上都有修长挺拔的趋势，都较注重造型内在气韵，偏好简洁宁静的造型。

宋代陶瓷包装容器造型是集中国古代器皿造型之大成的一个高峰期，其看似简练，实则极尽推敲；看似平淡，实则绚烂之极。如"增之一分则太长，减之一分则太短"，格调优雅淡泊，一洗绮罗香泽之态，趣味高雅，体现了中华古典美学的最高境界。

宋瓷大多使用"拟人"的造型，并非单纯又直白地模仿人的外在形体，而是在陶瓷器皿的造型之中内化了人的精神，其造型中饱含了一种像人一样的精神和气势。宋瓷的经典包装器皿，凡抽象的几何造型，基本都是左右对称的，仿佛在模拟人体的整体和谐和左右对称性，器皿各部位如口、颈、肩、腰、腹、足等，有对人体器官的模拟和比附。例如宋瓷中的经典造型：梅瓶和玉壶春瓶。这些瓶形，在造型上均采用柔和的曲线，显示出符合宋人美学的最优雅女子的娴静淡雅气度（图5-18）。

宋瓷包装容器的造型除了模拟娴静淡雅又落落大方的女子外，也模拟

（宋）梅瓶　　（宋）玉壶春瓶　　　　（宋）《女孝经图》中的女子形象

图5-18　宋瓷造型与宋代娴静淡雅的气度

风度翩翩且温文尔雅的君子之风。例如南宋龙泉窑的青釉弦纹瓶（图5-19），弦纹瓶和玉壶春瓶在形制上有些相似，但相比之下，其细节更为硬朗，也更趋于男性化特征，如前者的口部要比后者的更加宽大，更加平直；前者的颈部要比后者的更加粗直；前者的肩部也比后者更加硬朗。

图5-19 （宋）龙泉窑青釉弦纹瓶（北京故宫博物院藏）

（二）师古而不泥古

宋代仿古之风盛行，这里的"古"是指周以前，官窑为此风气之领者，其所制之瓷形制古朴浑厚、庄重高雅，颇有上古的风貌，其余诸窑均有仿制，但最得上古之貌的还是五大名窑。

宋瓷的仿古造型，不仅是模仿古器的造型，还是对其精神的模仿。师古而不泥古，宋瓷的仿古，仿的是一种风度、一种精神、一种境界，它在模仿的同时还拥有自我的创造，在模仿古人的当下也在品读今人，因此，它是具有独立审美精神的一种造型模式。

宋瓷的仿古造型，能够做到造型和材料以及装饰的高度统一，在模仿的同时，对原有造型进行增减和取舍等改变，重在追求形制"朴"和"雅"的韵味。

例如官窑的琮式瓶，模仿的是新石器时代出现的玉琮造型，除了在造型上对玉琮外形的模仿外，还以黑泥为胎，施以厚厚的青色开裂釉层，烧成之后，釉质肥厚凝润，釉面有纵横交错的开片纹理，胎黑隐约可见。玉琮造型本身就十分浑厚凝重，配上同样浑厚凝重的黑胎和釉层，使得器物的整体精神风貌得到了更好地诠释，相比良渚古琮和清乾隆时期的仿制品，宋瓷仿造的器物更加具有审美韵味和情趣（图5-20）。

宋代的制瓷艺人在模仿的基础上对原造型有增有减，有取有舍，体

良渚玉琮　　　　　　　（宋）龙泉窑青釉琮式瓶　　　（清乾隆）
炉钧釉琮式瓶

图5-20　不同时期的琮式瓶

现出独立的审美能力和认知能力，他们深刻认识到自己模仿的对象的内在精神，同时对自己的现有条件和真实需求也有一个明确的认知。因此，外形上的改变非但没有丢失古器原有的风貌，反而使得器物的古意得到了更好的发挥。

如钧窑的月白釉出戟尊，这一造型是模仿了商代的青铜器造型（图5-21）。相比商代的青铜器，最显著的改变就是舍弃了青铜器上丰富的装饰纹样。这不是制瓷艺人不想做出纹理，而是因为青铜器色泽深稳沉重，雕刻的纹饰虽然繁多却不显喧闹，而钧窑瓷器的色泽较为明朗亮丽，如果使用同样的纹样会让人产生杂乱和堆砌之感，因此，制瓷艺人抛弃了这些繁复的纹样，从而保存和提炼出来最纯粹的古物之美。

钧窑月白釉出戟尊　　　　　　（商）青铜出戟尊

图5-21　宋代瓷器对青铜的模仿

（三）情趣和意境

仿花卉的器皿造型早在六朝时代就已经出现，在隋唐五代得到发展，直到两宋时期达到高峰。此时已不只是仿制花卉的外形，还体现了花卉优雅灵动的气质，也体现出宋代讲究情趣和意境的审美观。

宋瓷仿花卉造型的器皿种类主要有温碗、碟、盘、盏、托、壶等，花卉的种类主要有莲花、葵花、菊花和海棠花，具有宋代讲究优美淡雅的审美特征，从而使这类造型的器皿成为宋瓷中的经典造型之一。

例如图5-22所示的汝窑青瓷莲花式温碗，其造型模仿的是盛开的莲花，分为十瓣，口微侈，呈现出莲花绽放盛开的饱满之态。

图5-22 （宋）汝窑青瓷莲花式温碗（台北故宫博物院藏）

宋瓷仿花卉的造型善于在整体保持简洁大方的基础上，进行细节上微妙精致的处理，仿佛是不经意的改动，实则是经过了周密的设计。按照这种造型理念设计出来的作品会使人感到富有情趣且韵味十足，含蓄而优雅。

（四）质朴的装饰设计

由于宋代帝王极力推崇瓷器艺术，宋代的制瓷业进步很快，在瓷器的质料、颜色、纹饰、做工等方面都有很高的造诣，在我国陶瓷史上可谓是登峰造极。因此，宋瓷的装饰手法也十分多样化且效果精妙。

宋瓷的釉色大多是单色釉，表面显示出各种各样细碎的纹理；也有表面平滑而没有碎纹的，其颜色或纯正或驳杂，有各种不同的色彩，如白色、蓝灰色、鲜红色、暗紫色以及各种窑变色。宋瓷除颜色釉以外的装饰方法，还有划花、印花、堆花、刻花、绘花等。在装饰的时候，有单独使用一种装饰方式的，也有综合使用多种装饰方式的。

总体来说，虽然宋瓷包装容器的装饰手法十分丰富，但大致可以分为以颜色釉为主要装饰手法的抽象装饰设计和以绘、刻、剔、划等手工技术为主要装饰手法的具象装饰设计。在实际操作中，这两种装饰设计手法经常会综合运用，风格基本保持一致，均反映了宋代严谨含蓄、高雅朴质的艺术格调。宋瓷更加注重材料所体现的精神美感，选材用料中体现出了一种宁静悠远的内在精神。

磁州窑、耀州窑等民窑体系所设计的陶瓷制品，是具象装饰设计的主要体现对象。这主要是因为普通百姓在装饰上往往更喜欢直观明了、有所寓意的具体形象，例如代表富贵的牡丹花形象，代表吉祥的莲花形象，代表子女健康的婴童形象，代表夫妻和睦的鸳鸯形象等。

材料是陶瓷包装容器设计的重要构成元素，它既是陶瓷产品的物质基础，又兼精神表达的传递工具。人们常通过触觉、视觉等方式综合感受其表面的质地，如表面的肌理、软硬、温度、光滑粗糙程度等，并通过联想，产生特定的心理感受和情感体验，并逐渐在材料与视觉经验、心理体验与意义指向之间建立起稳定的联系。与其他朝代的陶瓷装饰审美不同，综观宋瓷整体的气质，都呈现出一种内敛雅致的风格，但与南北朝的内敛气质又不一样，宋瓷的内敛更多了一份轻松和愉悦。

第三节　辽、金和西夏陶瓷包装容器的发展

与宋并存的辽、金、西夏王朝，其陶瓷包装容器设计艺术也不同程度地受到宋代陶瓷艺术的影响，并形成了具有独特地域风格和民族意识的陶瓷包装容器，丰富了陶瓷包装的品类。在辽、金、西夏王朝的所在地，生活着很多少数民族，这些少数民族受其生活地域、生活环境以及习俗等方面具有民族特性的影响，生产出了极具特色的陶瓷包装容器，

而且由于受中原文化的熏陶，在其自身的包装容器特色中又融入了中原文化元素。

一、辽代陶瓷包装容器

辽是10世纪初契丹族在我国北方建立的朝代，在宋、辽、金对峙期间，制瓷业的民间交流有所发展，而辽代制瓷的工匠，大多是来自中原的定窑和磁州窑，因此辽代的制瓷风格也深受这些窑系的影响。

辽代陶瓷包装容器多为茶具、酒具、贮藏器、盛食具和日用杂器，大多为民窑产品，也有供辽皇室和契丹贵族使用的官窑制品。陶瓷有绿、黄、黑、白等单色釉和黄绿白三彩釉陶，瓷器有黑釉、白釉、白釉黑花瓷。

辽代陶瓷包装容器造型分为中原形式和契丹形式两类。其中中原形式大多仿照中原固有的样式烧造，有盘、碗、杯、碟、盒、盂、罐、盆、瓶、壶、缸、瓮等，还有陶砚、香炉、砖瓦、棋子等。契丹形式则是仿照契丹族常用的木制、皮制等容器的样式烧造，种类有壶、瓶、碟、盘等，造型别具风味。如鸡冠壶造型（图5-23），是仿契丹族皮囊容器的样式，整体由壶身、管状流和不同形式的系构成，壶体上的细节十分丰富，做出了仿皮革缝制的痕迹和皮扣、皮条等附件造型。

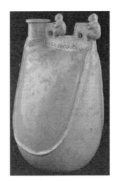

图5-23　鸡冠壶

这些陶瓷包装容器造型别具一格，质朴、粗犷，富有民族特色，陶瓷风格均以简朴豪放为特点。其鲜明饱满的装饰色彩和浓郁的游牧民族造型特点，反映出了古代契丹民族刚烈、勇猛、剽悍的部族气质，是当时政治、经济、文化等社会生活的缩影和凝聚。

在辽代的辖域内，生活着很多民族，主要分汉人、原渤海人、契丹人和其他游牧民族，他们在经济、文化及生活习俗等方面都有很大差异。契丹人是对萨满教、道教、佛教信奉最虔诚的民族之一，敬日畏鬼是契丹民族信仰的主要特征，阴阳有别、雌雄各异是其遵循的原则。反映在瓷器工艺品制造上，契丹各种器物大多成双成对，成对的器物纹饰也必分大小、公母，双龙、双凤、双鸟都必有雌雄之分。明器、祭祀器必与人间用器相区别，所谓"阴阳两不同"。

辽瓷中，受到同时期汉文化的影响，出现了净瓶和香炉等宗教用具，也有佛像、道家标志物的葫芦器及宗教题材的日用器。

辽代葫芦形陶瓷包装容器（图5-24）类似中原的葫芦形瓷器，但又有很多创新，主要仿契丹的皮革制品和木金制品。仿皮革容器，是在器物上饰以模拟的皮条、皮扣、皮穗、皮绳、皮雕花等。其单色黄釉也呈色稳定。此时的葫芦形瓷瓶多圈足，足部一般不挂釉。目前

图5-24 （辽）龙泉务窑白釉刻菊莲纹葫芦式执壶

出土的辽代葫芦形执壶有黄釉、酱釉、白釉、白釉剔花、白釉弦纹和绿釉等。一般为小唇口，多涡形扁耳，耳上饰缠枝花、菱形花等；个别为绳耳，流短，有弯流、直流之分，流有管状、带棱线或螭龙口，装饰有弦纹、印花、剔花等。

辽瓷中除了宗教用具和有道教内涵的包装容器外，还有佛、道纹样装饰的日用器。辽瓷的佛、道纹饰有羽化成仙、骑鹤升天、鱼龙变、摩羯鱼等神话题材，还有莲花和葫芦、莲瓣与太极等佛道共体画面。

二、金代陶瓷包装容器

金朝是中国历史上由女真族建立的统治中国北方和东北地区的封建王朝，金代陶瓷生产可以分为前后两个阶段。前期是金王朝建立至金海陵王迁都燕京这段时期，此时陶瓷包装容器多利用辽代陶瓷旧窑烧造，工艺水平较低，制品粗糙，器型不规整，烧结程度也不高。装

饰十分简单,仅见白地黑彩装饰,印、雕、刻划加彩等极少见。后期是指金王朝迁都燕京以后到灭广这段时期,当时金朝多次侵略宋朝,掠夺人口、财富,占领土地,大部分的窑工身负家仇国恨,再加上长期战乱导致百姓生活艰苦,早就失去了欣赏精美日常用具的闲情雅致。这就注定了金代统治的中国中原地区的陶瓷业和陶瓷艺术要落后于北宋,也比同时期的南宋落后,导致了金代在陶瓷工艺和装饰艺术上没有创新和发展。

金代瓷器包装容器器型基本上是承袭宋式,以碗、盘、瓶、罐、壶为多,杯、洗、炉、盏托等次之。日用器物造型多袭宋式,时代特点鲜明的造型有双系、三系、四系瓶,双系罐和高体的长颈瓶、鸡腿瓶等。日用的盘碗为了降低成本,提高产量,适应广大劳动人民当时清苦的生活现状,仍然沿用唐代生产日用陶瓷的叠烧工艺。

金代陶瓷装饰趋简,有印、划、刻、剔花、笔绘、加彩、塑贴等,构图除继承宋代多用的单独纹样的满花式和均衡式,以及带状缠枝式外,还常采用开光的方式来突出主题纹样,如金代黑地白剔花枕(图5-25),整个画面构图饱满,视点集中,突出了主题纹样。

图5-25 (金)黑地白剔花枕(法国吉美博物馆藏)

虽然金代陶瓷业进步不大,反有滑坡现象,但是在金世宗执政期间,社会经济得到了恢复和发展,北方的定窑系、钧窑系、耀州窑系、磁州窑系才得以继续生产。虽然烧制的产品在各方面都不及北宋的精致,但北宋荒废的窑场和濒临失传的工艺却得到了保存和抢救,使后代人能了解和继承北宋中原的陶瓷工艺技术。而且熟练窑工和画工南逃避乱之后,大部分定居在景德镇,成为繁荣景德镇陶瓷业的技术力量,为元青花的诞生起到了一定的促进作用。

女真人的信仰是多种多样的,既崇信万物有灵,也信仰道教、佛教。女真人还有一些原始信仰，如自然崇拜、信仰灵魂和灵魂不死以及对祖先的崇拜等。女真人最崇敬的是天神，每当国家有重大事情，如皇帝即位、上尊号、纳后，以及军队出征、临敌等，都要举行告祭天地的仪式。金朝建立后，随着汉化程度的加深，女真信仰礼仪也日趋完备，受中原文化的影响，其信仰也发生了很大变化。女真人与契丹人一样，也崇信萨满教。

女真人进入中原后，逐渐开始兴建佛教场所，佛教日益发展，在佛教题材建筑脊饰（图5-26）、礼佛用品（图5-27）、佛造像（图5-28）等方面都有大量的陶瓷产品，而由于佛教用品需求大增，也出现了大量的素胎模具（图5-29）。

图5-26 （金）三彩伽棱频迦脊饰

图5-27 （金）素胎佛龛礼佛用品

图5-28 （金）素胎菩萨头像

图5-29 （金）素胎蹲狮模具

三、西夏陶瓷包装容器

西夏是中国历史上由党项人在中国西北部建立的政权。瓷器在西夏党项人生活中占据着重要地位，这与西夏境内缺乏金属矿产有关。西夏初期，所用瓷器主要从宋进口，随着经济的发展和手工技术的提高，西夏中后期，党项人便开始建立自己的瓷器生产基地。

经过考古发掘，可以确定宁夏灵武市磁窑堡瓷窑遗址是位于中国西北的一处古瓷窑遗址，这里烧制的瓷器分属西夏、元、清三个朝代，其中西夏时期的数量最多。❶

西夏瓷器作为西夏文化的重要组成部分，受中原影响，并结合本民族的文化习俗，发展出了极具党项民族特色的瓷器。西夏瓷器的生产受宋、金定窑和磁州窑的影响较大，品种主要有白瓷、黑瓷、青瓷、黑釉剔花瓷等（图5-30），以黑褐釉瓷为主。

图5-30 （西夏）剔花瓷扁壶

西夏瓷器的常见器型有高圈足碗、盘、长颈瓶、高足杯、小杯、三足灯、双系扁壶、折肩瓶、折沿钵等，有些造型与宋、金瓷器相似，也反映了西夏居民的生活习俗。西夏一些盘、碗类包装器物还有"挖足过肩"的造型，也比较有特色。

西夏瓷器具有鲜明的民族特征，风格粗犷，纹饰简单。工艺有剔、刻花纹饰，大致可分为植物纹饰、动物纹饰、人物纹饰、边饰纹四类。另外，还有剔刻藻井式图案、点彩菱形和梅花纹、刻划弧纹和模印石榴花纹等。

西夏瓷器布图格局受新石器时期的彩陶影响。从西北已出土的彩陶看，其口、颈、肩、腹等部位上有精细打磨和绘画的纹样，而在腹部以下至足部只进行了简单打磨，也不绘画，形成了类八分的布图格局，也有的彩陶装饰工艺布满全器，但出土量较少。

---

❶ 李楠. 中国古代瓷器 [M]. 北京：中国商业出版社，2015：142.

第五章 唐宋时期陶瓷包装容器的发展

西夏瓷多用剔刻花装饰，除剔刻花外，西夏瓷装饰技法还有点彩、印花、刻花等。如褐釉剔刻野牡丹花瓷罐（图5-31），大口圆唇，圆腹，圈足，口至上腹施酱褐色釉，下腹和圈足露胎，腹部剔刻出两组开光野牡丹花纹，开光外饰海水纹。在装饰上采用了典型的类八分布图格局。[1]彩陶上类八分的布图格局在西夏瓷器的构图中得到了传承与保留，而在宋、辽、金等窑址出土的瓷器中较为罕见。

图5-31 （西夏）褐釉剔刻野牡丹花瓷罐

西夏瓷在装饰上也以繁密著称，图案纹饰往往从头到脚密布全器，比彩陶的分层次和繁密风格有过之而无不及。

宁夏海原民间收藏的剔刻花经瓶（图5-32），平折广口，口部刮釉，束颈，平宽肩，深腹修长，暗圈足。瓶体分为两层纹饰，上层为花卉纹，由开光牡丹、牡丹叶、斜线纹组成；下层为忍冬纹。上层花卉纹纹带最宽，是主体花纹；下层纹带最窄，是辅助花纹。

西夏瓷器多以动物纹和整幅图画为主题纹饰，以植物纹、水波纹、杂宝纹等为辅助纹饰（图5-33）。西夏仍然流行鱼纹、鸟纹、旋涡纹、圆圈纹、梅花纹、水波纹等基础纹饰，这类纹饰在很多器物上频繁出现，也出现有人物纹饰。

西夏是一个信奉佛教的王国，也有相应的佛教相关瓷器出土。宁夏灵武磁窑堡西夏窑址就出土过如意轮、念珠、金刚杵、莲花座、圆形花饰和擦擦等陶瓷佛教工具，还有擦擦、如意轮、供养人等素烧佛教用品模具。

图5-32 （西夏）剔刻花经瓶

图5-33 （西夏）带水波纹剔刻花瓶

---

[1] 李进兴.西夏瓷[M].银川：宁夏人民教育出版社，2016：190.

第六章

元代陶瓷包装容器的发展

元代在江西景德镇设"浮梁瓷局"统理窑务，也使景德镇的制瓷业异军突起，逐渐发展成为国内制瓷业中心，将中国传统陶瓷包装艺术推向新的水平。元代的陶瓷包装业在青花、釉里红装饰方面成就非凡，使瓷质包装制品由宋代的素雅进入一个多彩的世界。元代的陶瓷包装容器整体来看，在造型上更加自由生动，方中有圆，形体上更加粗犷高大，装饰色彩上也较宋代有了进一步的发展。

第一节 青花瓷的发展

到了元代，青花的烧制技术已经十分成熟，元青花瓷开辟了由素瓷向彩瓷过渡的新时代。元青花瓷以景德镇为代表，同时景德镇也因为青花瓷的生产而一跃成为中世纪世界制瓷业的中心。

一、"尚青白"的色彩偏好

元代是继唐代之后又一个多元民族文化融合的时期，除蒙古文化和汉文化以外，吐蕃文化、伊斯兰文化都大量存在并且繁荣发展。蒙古草原游牧民族性格粗犷豪放，喜爱奢华厚重的器物用品，这对元代工艺美术产生了很大影响。此外，"尚青白，嗜豪饮，崇奢华""重九恶七"等生活习俗和审美标准也深刻影响了元代工艺美术的艺术风格和功能用途。

色彩的背后蕴涵的是一种风俗、一种传统、一种文化。蒙古族早期的生活环境、生产方式使他们对大自然充满了崇拜，在他们的色彩体系中蓝色代表了天和水。

青色是蒙古族数个世纪以来最为尊崇的色彩，其根源是蒙古族的祭祀文化主体"长生天"的产生和演化，也是宗教和政治意义的二者合一。

蒙古族人民自幼吃母乳，稍大后便食用马、牛、羊乳，长大后，乳制品又是他们的主要饮食。因此，蒙古族人把美好的心灵、正直的品行，都用乳汁来比喻，把充满喜庆的正月称为"查干萨日"（即白月）。迎亲送亲，参加婚宴，骑的是白马白驼，聘礼送的也是白马白驼。在大千世界的各种色彩中视白色为纯洁、尊贵并加以崇尚，是蒙古族美学史上的鲜明特点。

二、青花瓷的成熟

（一）青花装饰技法

所谓青花，是指用氧化钴为呈色剂，在瓷胎上绘画，然后在上面施以透明釉，在高温还原下一次烧成，成品呈现蓝色花纹的釉下彩瓷器。这种技术在唐代就已经出现，宋代也继续使用，但是还处于较为原始的状态，未能形成大规模的生产。

13世纪的蒙古汗国将来自波斯地区的苏麻离青（钴青料）与中国的瓷器联系起来，由此产生了让世界惊艳的元青花。洁白的瓷胎上一抹块丽的靛青色，不仅反映了当时蒙古贵族的品位，也印证了蒙古族"崇白尚青"的色彩观。

元青花创作题材很多取自中原文化里的历史典故，并且装饰纹样丰富多彩，不仅体现了蒙古族文化，还吸收和借鉴了伊斯兰文化、中原文化和藏传佛教文化等，在绘画风格上也受到阿拉伯细密画的影响，构图满密、层次丰富、绘画工整。可以说元青花的艺术价值和文化价值充分体现了当时蒙古族的审美品位和文明开放的世界观。

青花色彩洁净、明朗，高温烧制永不褪色，因此绿色环保，是当今作为饮食容器使用的一大瓷器种类。青花装饰技法的发明在中国的陶瓷发展史上具有里程碑式的意义。

（二）青花瓷艺术特点

元青花瓷以景德镇为代表，青花瓷的艺术特点给人的感觉是气势磅礴、笔势飞动，讲究整体的效果，不拘泥于细节，即使是众所周知的云纹、海水、松石、古竹等图案纹饰也只是讲究整体效果。这一时期的青花瓷用笔娴熟，悬肘运腕而作，所绘出的图案，呈现出一种浑厚而又娴熟雅致的韵味。到了元代的中后期，景德镇青花艺术瓷的烧制技术已逐渐完善，其特征为胎体厚重且洁白、釉面白泛青、釉色莹润、色调清新、纹饰素雅、图案层次丰富等（图6-1～图6-3）。

图6-1 （元）景德镇窑青花云龙纹高足碗

图6-2 （元）高安窖藏出土青花梅瓶6件

图6-3 （元）青花鸳鸯卧莲纹花口盘

元青花使用的钴料，有国产料，也有进口料。进口钴料常用于大型、中型或小型元青花上，国产钴料仅用于中型、小型元青花上。

元青花所使用的进口钴料成分为高铁、低锰，含硫和砷，无铜和镍，其所绘青花纹饰呈色浓艳深沉，并带有较光润的黑褐色或紫褐色斑点，有的黑褐色斑点显现出"锡光"。元青花所使用的国产钴料成分为高锰、高铝，所描绘的青花纹饰呈蓝灰或蓝黑色，见浓淡色阶，青料积聚处有黄褐色或蓝褐色斑点，黑褐色的斑点较少（图6-4）。

（三）青花瓷的外销

元代出口的商品中，瓷器占的比重很大，在整个亚洲和东、北非的沿海国家都非常畅销，并且流入了欧洲，有很大的国际影响力，成为足以替

进口钴料成色   国产钴料成色

图6-4　钴料对比

代陶器、铜器和玻璃器的日常生活用品。青花是外销瓷中最受欢迎的品种，一些国家不但大量购买，还自行仿制，可以说是另一种方式的文化交流。

　　土耳其伊斯坦布尔的萨莱博物馆和伊朗的德黑兰国立考古博物馆，是世界上收藏元青花瓷器最丰富的两大博物馆。萨莱博物馆里陈列着80件元青花瓷大盘和钵等（图6-5）。其上以极工整而又悠然的笔触画着牡丹、菊花、松、竹、芭蕉、瓜果、池塘游鱼、山水、人物，以及象征权势而又寓意吉祥、幸福的麒麟、凤凰、龙等动物纹样。这类作品在伊朗的德黑兰国立考古博物馆里也陈列着37件（图6-6），器型有梅瓶、钵、大盘等。

图6-5 （元）牡丹纹梅瓶（土耳其萨莱博物馆藏）

图6-6 （元）青花四系扁方壶（伊朗德黑兰国立考古博物馆藏）

在景德镇元青花中，很多大件包装容器的器型和纹饰都是为了适应外销需要而生产的。如常见的菱花口、圆口折沿大盘，就是当时输出的主要品种之一，现留存在土耳其、伊朗以及印度尼西亚的相应制品数量颇多。这类大盘容器是适应了当地人民吃饭的风俗，专为外销而烧制的。它的出现和使用，改变了以前当地人民用粗糙的竹木、树叶等作为餐具的习惯，取而代之的是耐用又漂亮的瓷质大盘。因此，青花瓷器的外销，不但在政治、经济、文化艺术等方面为中外交流做出了贡献，同时不容忽视的是，它在推动和促进人类社会文明的进程中，也起了一定的作用。

另外，在与非洲东海岸相隔两里的基尔瓦基斯瓦尼遗址中，发掘出了大量14世纪前中期描绘有凤凰、蔓草花的青花瓷（多为残片），还有云龙荷叶纹梅瓶、凤麒麟纹玉壶春瓶、麒麟花卉纹碗、凤穿花纹执壶等完整瓷器。在开罗南郊的福斯塔特遗址中发掘出土了60万～70万片瓷片，其中中国陶瓷片约达12000片，不但量大，而且质精。这里值得一提的是元代青花瓷。

景德镇元代生产的青花瓷包装容器，除了如上所述的纹样工整、器型硕大、采用进口料绘画的一类以外，还有采用国产料绘画、纹饰简单、布局疏朗的一类作品。后者在菲律宾和马来西亚遗存较多，其次是日本和印度尼西亚。菲律宾出土的青花瓷器在湖田窑中均有发现，特别是其中一种画折枝花纹的双系小罐，其造型和纹饰同景德镇湖田窑的发掘品完全相同。可见，这类青花瓷器系湖田窑烧造，时代为元代后期。

除菲律宾外，在东非的肯尼亚滨海省格迪古城遗址，发现了产自14世纪的非常漂亮的元代绘龙青花瓷；在东非沿海一带也有产于14世纪的元代青花瓷器，纹样相当独特，可能是特意为其定向加工的；在东非肯尼亚的大港——蒙巴萨，也出土了元代绘龙的青花玉壶春瓶（残）；在黎巴嫩贝鲁特巴尔贝克遗址、叙利亚的哈马等地均发现有元代（主要是元代后期）的青花瓷残片，上面都描绘着流畅的花草图案等。另外，伊朗大不里士的阿塞拜疆博物馆里也有元末明初青花瓷的大碟、梅瓶及钵等包装容器。在邻近中国的日本，自镰仓海岸发现元代青花瓷片以来，最近几年又陆续在冲绳胜连城遗址、冲绳岛内、越前（现福井市郊区）朝仓氏的一乘谷遗址中均发现了比较完整的元青花瓷器和传世的青花瓷器。

第二节　元代制瓷业的发展

元代，景德镇的制瓷业异军突起，逐渐发展成为全国的制瓷业中心，将中国传统陶瓷生产推向新的水平。

一、陶瓷包装容器的大量使用

就目前考古发掘和相关文献记述来看，元代的包装艺术按材质来区分，主要有陶瓷、金属、漆、丝绵、纸等。

金银深受元代统治阶级的喜爱，故元代金银器使用之盛堪称前所未有，统治阶级在帐幕、宫室、衣饰、器具上无所不用金银。就连在其他时代大多用丝织品制作的香囊，在元代这个时期也使用金银制作。

元代统治者对漆器的喜爱程度远远不如丝绸、毛毡、金银器和玉器，他们虽然也使用漆器，但一般都是装饰简单的产品，以至于将江浙等省进贡的漆器同皮货、糟姜、桐油等一并视为"粗重物件"而"不须防送"。

在元代，纺织工艺有较大发展，官府对丝绸织造业十分重视，大量的丝织物除用于衣着之外，也成为某些物品的包装材料。就文献和考古发掘资料来看，用丝织物制作的包装主要为囊袋。

纸在元代的生产和使用范围继续扩大。随着造纸技术的日益进步，产量不断增加，纸不仅在中原地带广泛用于书画、包装等领域，而且已遍及边远地区。从现有考古发现中可以看出，纸质包装不但具有基本的保护、包裹功能，还有广告、销售功能，而且可以从中看出纸质包装印刷技术的发展。

在所有包装材质中，元代陶瓷包装容器所占比重最大。截至目前，见诸报道的元代瓷窑数以百计，北方以今河南、山西、河北最为密集，南方则以今浙江、福建、江西最为集中。可见元代陶瓷包装容器的烧制和使用十分广泛。

元代的陶瓷包装容器在使用上，具有盛装酒、粮食等物品的功能。在风格种类上，一方面继承了宋代传统，另一方面也研制出新品种，如青花、釉里红和钴蓝釉等包装容器种类。其中，以元青花瓷包装容器最具代表性，它成为元代陶瓷包装容器的精品，其独树一帜的风格特色，开辟了中国陶瓷包装容器装饰以彩绘和颜色釉为主的新时代。

二、以景德镇为首的瓷业发展

元代瓷器的发展虽不及宋代那么引人注目，但也开始表现出新的特色。江西景德镇瓷业，跃居全国瓷业之首。元代统治阶级在景德镇设立了全国唯一一所管理陶瓷产业的机构——浮梁瓷局。元代瓷出口量增大，从另一个角度刺激并促进了景德镇的瓷业生产，使景德镇成为全国制瓷中心。

由于元代的统治时间短，而且又连年混战，加之民族文化的影响，在工艺美术产品中，元代统治者对丝织品、毛织品、金银器、玛瑙和玉器青眼有加，对富有中国特色的瓷器却不太重视。所以从整体上看，元代陶瓷业相对于宋代较为衰弱，基本上是承袭了前代旧制，除青花、釉里红等品种外，没有太多发明。不过，由于瓷器已是人们生活中不可或缺的一种产品，所以虽然当时未能得到官府的足够重视，但元代的瓷器制造业仍然十分兴盛。

除了景德镇窑外，元代的钧窑、磁州窑、龙泉窑、德化窑等主要窑场，仍然继续烧造传统品种。元代的龙泉窑瓷器器型转向高大厚重，而且大量使用刻画、印模、堆贴、镂刻等装饰手法。龙泉窑瓷器在世界市场上颇具影响力，在元代的海外贸易中，销售量非常可观，甚至还有来自国外的大量特殊订单。北方的钧窑烧制仍然普遍，但制作粗糙。元代钧瓷以天蓝釉为主，出产的瓷器以民间日用品为主，钧窑出产的祭器、供器等多为仿古造型，其形硕大浑厚。磁州窑也很流行白地黑花瓷，有的还有元代特有的八思巴字铭。

第三节　陶瓷包装容器的艺术特征

元代陶瓷包装容器设计体现出游牧文化与汉文化相互影响下形成的包装容器造型和装饰艺术特色，不但反映出元代各民族之间的相互融合与渗透，也反映出元帝国在不断扩张过程中所形成的民族意识和高度自信。

一、文化的融合与渗透

（一）纹饰与器型发展

蒙古族人将本民族的流行文化带入了中原和江南地区，对传统的汉文化造成了很大影响。在这个游牧文明和农耕文明强烈碰撞的时代，一些新的元素在陶瓷包装容器设计中体现了出来，形成了独具特色的元代陶瓷设计的造型特征❶。

元代代表性的陶瓷包装器物有青花梅瓶、青花盖罐、青花瓷扁壶、葫芦瓶、多穆壶、僧帽壶、皮囊壶等（图6-7～图6-13）。还有在辽金文化基础上发展起来的鸡腿瓶、梅瓶、扁壶、青花盖罐等包装容器，反映出了元代各民族之间的相互融合与渗透。

---

❶ 郝建英. 陶瓷包装容器与制作 [M]. 长沙：湖南大学出版社，2012：73.

图6-7 （元）景德镇窑青花云龙纹梅瓶

图6-8 （元）青花云龙缠枝牡丹纹兽耳罐（日本大阪市立美术馆藏）

图6-9 （元）青花如意纹双凤龙纹扁壶

图6-10 （元）葫芦瓶

图6-11 （元）景德镇窑青白釉多穆壶（首都博物馆藏）

图6-12 （元）景德镇窑青白釉僧帽壶（首都博物馆藏）

（二）富有游牧生活特色的造型

图6-13 （元）双凤纹皮囊壶

相比重文抑武的宋朝，元代统治者更加尚武，因此他们是强悍、英武、粗犷的。受游牧民族生活习惯的影响，他们追求奢华繁丽的生活享受，喜欢大块吃肉、大碗喝酒的生活。这一切表现在陶瓷设计中，形成了元代陶瓷厚重、粗大的造型特征。元代陶瓷出现了一些尺寸较大的造型，如大盘、大罐、大碗、大壶等，这些器皿的体积偏大、胎壁较厚、重量也不轻。这些大型的日用陶瓷包装器皿主要是供给元代蒙古族统治者使用，以及出口到一些伊斯兰国家，但一般汉族老百姓使用的器皿大小还是和前朝尺度相近。

蒙古族游牧民族的审美更喜爱拥有壮硕、苍劲、粗犷、浑厚气质的陶瓷造型。这一点不仅体现在日用陶瓷上，一些陈设用的陶瓷器皿也拥有浑厚、壮硕的造型特点。元代瓶罐类的造型更加健硕英武，更偏向于男性化的气质。

游牧的生活习惯带来迁徙不定的生活方式，蒙古族人对便于随身携带的金属制品情有独钟，因此往往会将金属器皿的典型造型融入陶瓷器皿的设计中，例如元代的瓷匜在流下都有系，这是模仿青铜器的造型，当然也是为了方便穿绳携带，这显然是为了适应游牧民族的生活习惯而设计的造型（图6-14）。

另外，由于元代统治者偏爱金属制品，因此在陶瓷包装容器设计中也融入了金属材料。龙泉窑的青釉鬲式炉也采用了金属质地的炉盖，炉盖上运用了镂空、模压、錾刻等金属工艺，与瓷胎结合，充满了艺术效果，十分精美（图6-15）。这是不同文化在冲击融合中形成的结果，而从产品设计的角度来看，这是运用综合材料来进行设计的方式，是具有进步性的。

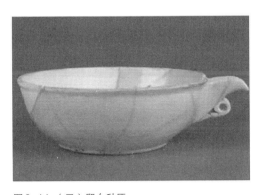

图6-14 （元）卵白釉匜

图6-15 （元）龙泉窑青釉鬲式炉

扁壶的造型在元代也开始流行，这是游牧民族喜爱的一种壶类造型，不过与辽金的陶瓷扁壶——鸡冠壶设计不一样，元代的陶瓷扁壶只是取了"扁"的形态，其整体造型如壶身、壶嘴、壶把、壶流等还是更偏向中原汉族的壶体结构。另外，在唐宋时代既已消失的带系造型又开始流行起来，这自然也与将器物悬挂于马匹、房梁和车辆之上的游牧民族的生活习惯有关。但这一时期的"系"的设计更加巧妙，其形状和布局都自然地融于主体器型之中，如果不使用绳索拴上，就造型本身来看，很难发现"系"这一结构的所在。

（三）多元文化的造型设计

元代的陶瓷包装容器中，出现了受藏传佛教器具影响的多穆壶、僧帽壶等特殊的壶类造型。由于藏传佛教当时在中原的流传，也使其所承载的印度、尼泊尔艺术因素传入中原地区，并对元代陶瓷器皿的造型设计产生了影响。元初来自尼泊尔的阿尼哥，作为深受忽必烈器重的艺术家，设计和主持修建了大圣寿万安寺（今北京白塔寺）白塔的造型，对元代以及明清同类建筑的设计起到了重要的示范作用❶。这种建筑样式甚至影响着元代陶瓷包装容器的造型。著名的元青花象狮首塔式盖罐（图6-16），盖面中心覆盖钵塔。元代的云南陶瓷中也出现了器型如覆钵塔的黑陶塔式罐，这些与中原汉文化有关的丧葬陶瓷器也是民间葬俗受到外来文化影响的典型案例。

图6-16 （元）青花象狮首塔式盖罐

由于各种宗教盛行，元代的礼器和供器种类十分丰富，目前所知传世和出土的元代礼器、供器多为陶瓷材质，其中又以陶瓷香炉、花瓶和佛教造像等较为常见。

二、外向张扬的装饰设计

元代统治者喜好白色和蓝色，这就促进了青花装饰的发展，由此引

---

❶ 张亚林，江岸飞.中国陶瓷设计史[M].南昌：江西美术出版社，2016：199.

发了一系列新的装饰技法的出现。但是，来自草原的元代统治者由于审美习惯的不同，更倾向于奢华繁丽的装饰，因此陶瓷容器上往往布满了各种各样的装饰纹样。虽然蓝白两色都是清丽脱俗的色泽，但典型的元青花装饰图案色泽鲜亮浓艳，纹饰布局铺陈繁多，并且形制巨大。

从当时汉族士人的审美角度来看，元代青花瓷的异族风格过于浓重，因此部分青花的装饰也向符合中原传统审美观的方向发展，出现了装饰典雅、简洁的作品。

不过，以当今的眼光来看，典型的元青花装饰依然具有饱满铺陈、色泽浓艳、文化元素多样的特点。

由于釉下彩的成熟，特别是青花装饰技法的熟练运用，元代的陶瓷装饰逐渐趋向以绘画性为主，而且相比前代，其色彩层次鲜明、线条细腻、造型丰富、细节完善、绘画画面十分完整，故事性和叙事性也更强。一般典型的元青花装饰都分为主题装饰和辅助装饰两部分，两者结合得十分紧密，构成了完整画面。典型元代陶瓷装饰绘画可以用层峦叠翠、密不透风来形容。

元青花的绘画主题装饰一般分为四类：①植物纹样，以缠枝牡丹和缠枝莲使用最多；②动物纹，如鱼藻图、水禽图、花鸟图等；③神兽装饰，如云龙、凤凰、麒麟等；④人物故事图，例如老子下山图、四爱图（图6-17）等。

图6-17 （元）青花梅瓶上的"四爱图"（武汉博物馆藏）

元青花的辅助装饰主要用在器物的口部、底足部、开光图案的周围等处，主要用来突出主题装饰，或者对多组主题装饰进行隔断。应用最多的是缠枝花、仰覆式莲瓣纹、水波纹等，另外还有杂宝图案、文字图案、蕉叶图案、斜方格图案、云纹、钱纹，等等。元青花还常用如意头形和菱形来勾勒开光线条。

元青花的绘画装饰还富有创意地与立体造型相结合。例如景德镇窑的青花凤首扁壶（图6-18），其凤凰纹样就是由壶身上的平面装饰渐渐地转化成壶流的立体造型，衔接自然，不露痕迹，体现出制作者的精心设计，是元青花中的精品之作。

图6-18 （元）景德镇青花凤首扁壶

总体来说，大部分元代陶瓷包装容器装饰绘画的构图都十分紧凑，层次多、元素杂、纹样密布，这种纹饰密集的构图布局，很有游牧文化求多求全的审美特征，与明代洪武朝以后疏朗的构图风格有明显区别。

就题材而言，元代陶瓷包装容器装饰设计的图案其实具有很鲜明的中国特色。龙、凤、鸳鸯、麒麟等都是中国传统的动物纹，而婴戏、缠枝花、水波纹和回纹等，也为历代常用，多见的仰覆式莲纹在六朝时代的青瓷上就有出现。青花图案中的芭蕉竹叶、莲池水禽、庭院花鸟等，都生动地反映出中国江南水乡所特有的景致。此外，元青花瓷的人物故事图案，也多来源于元曲剧本的版画插图和流传甚广的古代传说。因此，元代陶瓷包装容器的装饰图案基本上都是重在体现中国的传统文化，在题材上本身是具有鲜明的中国风格的，而它的异域文化特色则主要体现在色彩和构图布局上。

第七章

明清时期陶瓷包装容器的发展

明清时期的陶瓷包装容器出现了以景德镇御窑厂为中心,各地民间民窑争相发展的生产局面。容器上各种釉色应有尽有,如青花釉里红、斗彩、五彩、粉彩、素三彩等,使明清时期的陶瓷包装容器集造型、装饰与文学、绘画于一体,综合反映出当时的制瓷水平与明清审美追求。

第一节　明清制瓷业的发展

明清瓷器烧造业是我国瓷器手工业史上最发达、最成熟的黄金时期,胎细洁白、釉层光润、造型规整、纹饰复杂多变,尤其是色釉瓷、彩瓷的发展,为中国陶瓷史书写了光辉的一页。

一、包装发展的集大成时期

明清时期,随着社会思想观念和生活方式的改变,人们开始追求商品的质量,注重商品所体现出来的文化精神,各类生产作坊的手工业生产者在注重传统功能的同时,开始围绕整个市场要素而设计制作。于是,除了注重产品品质之外,产品包装、品牌宣传等也逐渐被重视。商品经济的发展,对产品包装提出了更多、更高的要求,传统包装已无法满足新时代、新环境的要求。正是在这种背景下,从清代中叶开始,商品包装开始向现代化意义上的包装转型。明清时期,包装得到了长足的发展,包装由生活实用性而转向实用艺术性,由以上层社会为主流而逐步走向大众化。这样,导致了明清两代成为我国古代包装艺术发展的集大成时期。

明清时期包装的生产制作在前代已存的民间包装和宫廷包装两大体系的基础上,区分更加明显,两大体系各自发展得规模更大,特色更加鲜明。民间包装在致力于经济实用的前提下，也更加注重审美，以反映大众的审美价值取向，因此，化腐朽为神奇，巧夺天工的创造时有出现，许多作品具有浓郁的生活气息，风格质朴健康；宫廷包装制品，因物质条件、生产条件优越，设计、生产、制作精益求精，工匠的聪明才智得以充分发挥，能工巧匠以精湛的技术迎合和满足这一时代统治者的物质追求和精神需求。

明清两代各个阶层使用的产品包装，其审美取向与前代相比也表现出了"俗"的倾向，呈现出一种"镂金错彩，雕缋满眼"的美感，如技术革新和进步带来的五光十色的明清彩瓷、掐丝珐琅、百宝嵌等珠光宝气的新品，呈现出可类比欧洲洛可可式的繁复、富丽、艳俗的风格，但在新技术、新工艺的推动下，特别是面向对象为全社会的背景下，包装的功能得到了进一步的加强和拓展，现代意义上的包装设计要求得到了不同程度的体现。

明清两代的新材料和新技术在包装领域得到了广泛应用，例如，瓷器包装中新出现的五彩、粉彩；漆制包装中出现了百宝嵌，以及匏器包装中的范制工艺等，在前代从未出现过的材料也得到了广泛应用，包括珐琅、玻璃、纸质等。

二、陶瓷包装容器进入辉煌期

明初陶瓷包装容器造型主要有各式壶容器、瓶容器等。容器装饰上多采用堆花、暗花、描花、锥花和玲珑等技法，装饰图案主要有植物纹、动物纹、回纹、八宝纹、云纹、八卦纹、钱币纹、璎珞纹、锦地纹和梵文、波斯文字等。郑和下西洋的船队为欧洲带去了大量青花瓷质包装容器，使中国瓷器风靡欧洲。欧洲传教士也将中国的制瓷技术传到了海外，从而引发了西方的"青花热"。

清代的康熙、雍正、乾隆三世是陶瓷包装容器发展的极度辉煌时期。社会的稳定与繁荣，人们对物质生活的需求，统治阶级的广泛参与，官窑、御器厂的恢复发展，制瓷工艺的成熟，使清代的陶瓷包装容器在前代的基础上进入了中国陶瓷包装发展史上的极度繁荣时期。清代的陶瓷包装容器种类繁多，琳琅满目，类别上也较明代有所增加。造型上追求奇巧、精致、变化，装饰上追求华丽。彩瓷成为这一时期的亮点。还出现了粉彩、珐琅彩等中西文化交流下的产物，其包装生产、运输、销售环节也更加完善，形成了产销一条龙服务。清代行会和各种帮会的出现也使陶瓷包装容器的生产与管理环节更加秩序化、规范化。

进入18世纪以后，欧洲的"中国热"发展到顶峰，外销青花瓷器成为其中最重要的品种。欧洲各国皇（王）室纷纷派人或委托公司订购皇（王）室纹章瓷。如英格兰王室瓷器即采用狮纹作为其地位的象征，并作为皇家纹章代代相传。当时俄国彼得大帝在中国订烧了一个带有纹章的五彩瓷药罐（图7-1）。当时有瓷商及多种行业、工种的人参与其中，在广州还设有专门的彩绘作坊进行来样加工，按样制作，许多器物装饰与国内传统风格明显不同，促进了中外陶瓷包装容器的文化交流。

图7-1　彼得大帝纹章五彩瓷药罐

三、陶瓷品种百花齐放

明代是中国陶瓷业发展的一个非常重要的时期，也是中国产品设计的一个高峰期。明代的陶瓷烧造窑场数目空前增多，生活陶瓷、建筑陶瓷和其他类型的陶瓷制品大大地超过了以前历代，形成了陶瓷业大发展的局面。

明代陶瓷生产开始了很精细的分工合作，生产工具也有了改进，以吹釉代替蘸釉，以陶车旋坯代替竹刀旋坯。

明代陶瓷品种繁多，大如龙缸，薄如卵幕，陶瓷工艺进入了又一个发展高潮。由于制瓷工艺技术的不断提高，以及明代后期实行"官搭民烧"的制度，在客观上促进了手工业者的生产积极性。到了明代，绘画类装饰技法不断改进，出现了新的彩绘材料和技法。因此青花、斗彩、五彩等彩绘瓷器成为瓷器生产的主流，而浙江龙泉窑烧造的青瓷质量却逐渐下降，粗胎薄釉，失去了以前的玉质形象。宜兴紫砂陶瓷在明代则有了很大的进步，实质上已达到现代炻器的质量标准。

　　明代的陶瓷业几乎是由景德镇一枝独秀来实现的。到了明代中期以后，景德镇的陶瓷制品几乎占据了全国的主要市场，而宫廷用瓷这种高质量瓷器也几乎都由景德镇供应。所以，真正代表明代陶瓷设计特征的是景德镇瓷器。

　　清朝时期景德镇仍是全国制瓷业的最大中心，其规模极大，除官窑外，还有民窑两三百个。这里的瓷器供应全国各地，并大量地输出海外。除景德镇外，瓷器的产地还有几十处，分布于数十个省。清代制瓷技术突出表现在彩色瓷器的工艺水平大幅提高。青花、五彩、素三彩和粉彩、珐琅彩等都很出名，其中粉彩和珐琅彩最为精美，驰名中外。

（一）永宣青花

　　明代景德镇青花瓷是釉下彩发展的最高阶段，在中国青花瓷历史中影响深远。明代青花瓷的主要烧造窑址仍在景德镇，永乐和宣德时期青花瓷的烧制达到了顶峰，被称为青花瓷的黄金时代。

　　永乐和宣德时期的青花瓷胎釉精细，青色浓艳明快，造型新颖多样，纹饰优美生动，在陶瓷史上占有重要地位，成为明、清两代青花的典型。永乐、宣德两朝官窑瓷器纹饰用笔或粗或细，着色有深有浅、有浓有淡，使纹饰层次清晰。例如，宣德青花龙纹高足碗（图7-2），碗口外撇，弧腹，下置中空高足；器饰青花纹样，主题纹饰以淡笔描绘海水，重笔绘行龙纹，海水汹涌

图7-2 （明）宣德青花海水龙纹高足碗（中国国家博物馆藏）

澎湃，双龙腾越于海面，形象矫健威猛，生动活泼。

永宣两朝的瓷器造型受到西亚地区的影响。如天球瓶、绶带耳扁腹葫芦瓶、蒜头口绶带扁壶、直口双耳背壶、花浇、执壶、无柄壶、折沿盆、鱼篓、八方烛台、无挡尊等，皆仿伊朗、叙利亚、土耳其等国的陶瓷、铜器、金银器、玉器的造型与纹饰。景德镇御器厂遗址也曾出土了各式瓶、盆、缸、盘等，大器很多，弥补了传世品之缺。

（二）甜白釉与德化白瓷

甜白釉，也称为"填白釉"，是明代永乐年间由景德镇瓷窑创烧的一种白釉瓷，是在暗花刻纹的薄胎器面上，施以温润如玉的白釉然后烧制而成的宫廷祭器。其特点是胎体较薄，釉面柔和，釉色似绵白糖，器物常可见透光刻纹或印纹，能够光照见影，给人一种"甜"的感受（图7-3）。景德镇白釉瓷的烧制成功，为明代五彩和斗彩瓷的发展创造了有利条件。

德化是福建沿海地区外销瓷的重要产地之一，德化窑在宋元时代就已经开始烧造白瓷和青白瓷，在明代达到高峰，是当时著名民窑之一。明代德化白瓷的瓷胎烧成后玻璃相较多，胎质致密，透光度良好。德化白瓷的釉色光润明亮、乳白如凝脂，对着阳光照看，可见釉中隐现粉红或乳白色。德化白瓷器皿品类主要是供器和日用器具（图7-4）。

图7-3 （明）甜白釉暗云龙纹高足碗（中国国家博物馆藏）

图7-4 （明）德化窑白釉莲瓣纹方壶（中国国家博物馆藏）

（三）洪武釉里红到郎窑红

釉里红的烧造技术始创于元代，到明洪武时期有了很人发展，一度发展到极盛阶段。目前发现的洪武釉里红均为大件器物，有盘、瓶、碗、炉、壶等，基本不见杯、盏之类的小件。主要采用红地白花和白地红花两种装饰工艺，这种方法到永乐、宣德时期演化为红地剔花的新工艺。

洪武釉里红的装饰纹样以四季花卉纹为主（图7-5），主要有扁菊花、缠枝莲叶纹、莲花、牡丹和茶花，扁菊花较为多见，另外松竹梅也较多使用。辅助纹样有卷草纹、灵芝纹、回纹、变体莲瓣纹、蕉叶纹、海水纹等。

明代永乐时景德镇窑还成功烧造了色调纯正，色泽鲜艳、匀润的铜红釉，但之后由于这种陶瓷制品的工艺要求高，后续逐渐被矾红釉替代。清康熙时，才仿宣德红釉烧制出了著名的郎窑红（图7-6）、霁红等品种。

郎窑红是我国名贵铜红釉中色彩最鲜艳的一种，郎窑红色彩绚丽，红艳鲜明，且具有一种强烈的玻璃光泽。

 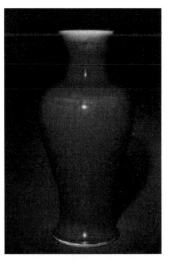

图7-5 （明）釉里红缠枝菊花纹玉壶春瓶（中国国家博物馆藏）

图7-6 （清）康熙郎窑红釉观音尊（北京故宫博物院藏）

第七章 明清时期陶瓷包装容器的发展

（四）斗彩

在青花瓷发展的基础上，明代的彩瓷也产生了一个新的飞跃。明代永乐、宣德之后，彩瓷装饰开始盛行，除了彩料和彩绘技术方面的原因之外，更主要的应归功于明代白瓷质量的进步。明代釉上彩装饰常见的颜色有黄、红、蓝、绿、紫、黑等，其中成化斗彩最具代表性。

斗彩，又称"逗彩"，其意是指釉下彩和釉上彩拼逗而成的彩色画面，明清文献中也称为"窑彩"或"青花间装五色"。斗彩是釉下青花和釉上彩色相结合的一种彩瓷工艺。例如成化斗彩器的釉上彩料，色相多且能根据纹饰的内容自主进行配色，其葡萄紫色几乎是紫葡萄的再现，鸡冠的红色则几乎与真鸡冠一致。所以，成化斗彩瓷一般都十分精巧名贵，如举世闻名的成化斗彩鸡缸杯（图7-7）。

图7-7 （明）成化斗彩鸡缸杯（北京故宫博物院藏）

（五）硬彩和软彩

釉上彩是在烧成的陶瓷釉面上用低温陶瓷彩料绘画纹饰的一种陶瓷器装饰技法，明、清时期彩瓷可分为釉下彩、釉上彩和斗彩三大类。在彩瓷中，釉上彩是重要的组成部分。进入清代，釉上彩在明代的基础上进一步创新、改进，使装饰更加丰富，可大致分为五彩、珐琅彩、粉彩、斗彩、素三彩、浅绛彩等品种。

在成化斗彩瓷的基础上，嘉靖、万历时期的五彩器又揭开了彩瓷发展史上的新篇章（图7-8）。五彩，是常说的康熙古彩的前身，也称"硬彩"。嘉万时期的五彩以红、黄、褐、紫、淡绿、深绿及釉下

图7-8 （明）鱼藻纹五彩罐（中国国家博物馆藏）

蓝色最为常见，彩色浓重，其中以红、绿、黄三色为主，尤其是红色特别突出，因而使得嘉万时期的五彩器在总体上有翠浓红艳的感觉，极为华丽。

素三彩瓷是瓷器釉上彩品种之一，是以绿、黄、紫三色为主的瓷器。其实在实际操作中并不仅限于此三色，只是不用红色。素三彩是先在瓷坯上刻好预定图案，坯干后高温烧成无釉素瓷，而后施以绿、黄、茄紫三色填在已刻划好的纹样内，再经低温烧制而成。

到康熙时期产生了五彩完全的釉上五彩。在中国古陶瓷学中，釉上五彩又名硬彩或古彩。它是在唐三彩、宋三彩等低温色釉技术基础上发展起来的。特别珍贵的是官窑"康熙御制"珊瑚红地五彩瓷（图7-9）。

图7-9 （清）康熙珊瑚红地五彩瓷花卉纹碗

粉彩，又称"软彩"（图7-10），是景德镇窑在珐琅彩的启发和影响下经不断研究开发而成，以雍正时期制作最精，故又称"雍正粉彩"。其特点是在玻璃白中加入一定量的金属氧化物做着色剂而成。这样可使各种色料都含有一定量的乳浊剂，因乳浊作用而给人以"粉"的质感。用粉彩料所绘图像表现力更强，浓淡相间，阴阳衬托，色调柔和，细腻雅致，较之古彩更为丰富，更富有国画的传统风格特点。

图7-10 （清）粉彩桃纹天球瓶

（六）珐琅彩瓷

珐琅彩瓷是我国古代彩瓷中最精美的品种（图7-11），创始于康熙年间。这种瓷器是在瓷胎上用珐琅彩料描绘花纹，经低温烤烧而成。当时产品只供皇帝使用，是由皇帝选好造型，由景德镇烧制好瓷胎后送

至京城，由最好的画师绘制纹饰画稿，定稿后
选用。

图7-11 珐琅彩蒜头瓶
（中国国家博物馆藏）

（七）仿生瓷

乾隆年间出现了许多在形式上仿造漆器、竹
木器、青铜器的陶瓷器皿。这些作品不仅在造型
上仿造得惟妙惟肖，在色釉的配置上也能达到对
材质的质感、色泽和纹理等的模拟（图7-12）。❶

仿红雕漆描金缠枝花暗八仙冠架

仿木釉浅碗

仿古铜釉描金彩牺耳尊

仿石釉堆贴螭龙纹瓶

图7-12 仿生瓷

（八）镂空与转心瓶

乾隆年间特别盛行青花玲珑瓷器。制作这种瓷器，要先在瓷胎上选

---

❶ 陈丽萍.景德镇陶瓷彩绘雕塑研究 [M].南昌：江西美术出版社，2015：91.

择好青花图案的雕刻部位，雕镂洞透，而后在外面上釉。

转心瓶（图7-13）是清代乾隆年间的杰作，融合了镂空的技法，瓶体由外瓶、内瓶、底座分别烧造组成。外瓶套于内瓶外，内瓶与底座有轴碗相连，外瓶多装饰镂雕花纹，内瓶旋转时，透过外瓶镂空可以看到内瓶的通景纹饰，它是根据陶车旋转原理制成的。

图7-13 （清）粉彩镂空转心瓶

四、其他陶瓷工艺的发展

（一）紫砂

紫砂器是一种炻器，其特点是结构致密，接近瓷化，但不具有瓷胎的半透明性。从土质和历史上的成就来讲，以宜兴紫砂器最为出色。

在宜兴紫砂的各种器具中，最受关注的是紫砂茶壶。宜兴紫砂陶艺术起源于宋代，历经明清两代趋于成熟。根据明代周高起《阳羡茗壶系》的记载，明正德、嘉靖年间的供春（又说是龚春）是制作紫砂壶的最早著名人物（图7-14）。

图7-14 （明）"供春"壶

（二）琉璃制品

这里所讲的琉璃仅限于在建筑和艺术装饰方面使用的彩色铅釉制品。明代琉璃的成就超过了以往各个时期，有了很大的发展，凡是皇家宫廷、陵墓、照壁、庙宇、佛塔、供器以及器具等，多数都要用琉璃。

明代琉璃在山西生产最盛，其规模之大、技术之精是空前的。现遗存下来的太原晋祠、平遥武庙和城隍庙、介休后土庙和五岳庙等均保留了极为精美的琉璃制品，也有以琉璃为主或纯用琉璃制作的大型建筑，如塔、楼、牌坊、照壁、神龛等。现存大同市的琉璃九龙壁（图7-15），是明初琉璃的代表作。

图7-15　（明）大同琉璃九龙壁局部

（三）法华器

法华原名"粉花"，据说是立粉的简称，只因晋南"粉""法"二字音相近才讹传为"法花"，又称"法华"。因法华器（图7-16）以黄、绿、紫三种颜色居多，故又称"法华三彩"。它是在琉璃的基础上发展起来的一种低温色釉器。法华器多为寺庙供品，虽属日用器皿釉陶，但家庭日用较少。日用的主要有花瓶、动物雕塑等。

图7-16　法华莲塘图盖罐

第二节　宫廷陶瓷包装容器的发展

明清两代的瓷器在不同的时代有着不同的艺术风格，其风格随着社会审美和工艺原料的变化而变化，有时还会受到外来文化的影响，而官窑所生产的宫廷用瓷和御用瓷，更是因深受当朝皇帝偏好的影响而具有独特的时代性。

一、皇帝偏好对宫廷陶瓷艺术特色的影响

明代的十六位皇帝可谓是各具特色，从官窑瓷器包装容器生产方面来看，每一任皇帝统治时期的瓷器制作与纹饰造型不单单是继承前一任的特色，更是将在位者喜好的元素加入进去。例如，成化皇帝性格软懦，他统治时期的瓷器纹饰一改之前几任的勇猛与繁盛，呈现出一种疏离与寡淡；嘉靖皇帝崇尚道教，因此他统治时期的官窑瓷器以道教题材居多。

明末的青花瓷器焕发出勃勃生机，一改嘉万以来的繁缛之风，走向一种清新疏朗的风格，直接影响了未来清代官窑青花瓷器的走向，并为清朝康熙、雍正、乾隆三朝，特别是为康熙时期的官窑青花瓷器生产与发展做好了铺垫。

清代瓷器发展的脉络大体也可以分为早、中、晚三个阶段。尤其是中期的康熙、雍正、乾隆三朝，各种瓷器争奇斗艳，在模仿明代鼎盛时期瓷器的同时进行大胆创新，开发创烧了众多新品种，在整个陶瓷史上可谓是大放异彩、独具特色。可以说康熙、雍正、乾隆三朝的官窑瓷器烧造又达到了一个新的巅峰。

早期的康熙青花瓷器官窑和民窑并没有较大的区别，后期由于康熙皇帝在瓷器的生产上事必躬亲，在官窑瓷器生产之前要经过御批审定，

因此逐步形成定制，官窑的形式受到了一定的限制。康熙时期的青花较蓝，颜色很清丽，而且可以分出层次，制作工艺有极大的进步，最为重要的是创立了督陶官制度。在督陶官郎廷极的努力下，烧造出了"郎窑红"。并且红釉还创新出了很多品种，如高温红釉里有祭红、豇豆红、窑变红；低温红釉里有珊瑚红、胭脂红、矾红等多个品种。特别值得一提的是，著名的珐琅彩和粉彩都是在这一时期创烧的。康熙时期的五彩瓷器与明代的瓷器相比，颜色多变且较为丰富，不再局限于红绿两色。但是官窑五彩瓷器到了雍正时期之后产量下降，开始呈衰落之势，存世极少。

雍正时期官窑较为拘谨、规范，不喜张扬，较为内敛。而且雍正皇帝喜好仿古，尤其是仿宋朝几大名窑的瓷器，在仿制的前提下也有所创新，在工艺上较之两宋大为提高。清中期的官窑是明清时期官窑最为规范的时代，所有式样、品种都由皇帝亲自审定，个别皇帝还会亲自画出图样并由宫廷直接监督，直接出样，交与督陶官亲自管理并进行烧造。在一定程度上保证了烧造瓷器的质量，并在保质的前提下进行了创新。雍正时期的粉彩和珐琅彩也开创了自己的风格和特色。

到了乾隆时期，则是在守成的基础上有所创新。乾隆皇帝的审美取向是富丽、繁缛，所有的瓷器纹饰都非常热闹。乾隆时期开始出现了大量的仿生瓷。这一时期的五彩瓷也以珐琅彩和粉彩为主，红釉也占据了一定地位。但是随着乾隆盛世的结束，红釉的烧造也宣告结束。

嘉庆皇帝登上皇位的前四年，乾隆皇帝为太上皇，此时的瓷器烧造也依旧延续乾隆时期的富丽、繁缛之风。但是，乾隆皇帝龙驭上宾之后，嘉庆皇帝明白大清国已经开始日落西山，对于瓷器的烧造要求很低，也废止了督陶官制度。嘉庆时期的瓷器比较有特征的是浪荡釉，瓷器表面大面积呈现不平整的状态。

咸丰时期青花的特点是非常细弱，开始大量仿制雍正时期的瓷器，并没有本朝的特点和烧造工艺的进步。同治和光绪年间的瓷器，已无艺术性可言，只按照定式去生产，日用瓷居多。

二、宗教文化对宫廷陶瓷艺术特色的影响

（一）多宗教并存

明朝的宗教，主要有传统的佛教、道教、新传来的伊斯兰教、天主教，以及民间的秘密宗教等。其中又以佛教和道教为主，在众多宗教中势力和影响最大最广。

基督教自明万历年间远渡重洋来到中国，利玛窦采取了基督教中国化的适应政策，并联系明朝的士大夫阶层，企图以此来发展教众达到其宣扬基督教教义的目的。清代的历任皇帝对基督教的态度不一，但到乾隆皇帝时期，对基督教逐渐放宽，采取宽严相济的宗教政策，之后数位皇帝均沿用此政策。

清朝的皇室采取开明的多宗教并存的宗教政策，尊重儒教，对佛、道两教进行限制和规范，推崇藏传佛教，在宫中设立专门的机构对其进行管理，学习西来的基督教传教士带来的先进的科技、天文、艺术等。

（二）佛教题材

佛教早在汉朝时期便传入了中国，佛教题材的图像、符号从那时起便在我国民间广为流传。陶瓷制作匠人们在进行创作的过程中逐渐把佛教文化融入瓷器制作之中，使陶瓷包装容器上出现了有关佛教的纹饰，佛像题材最早出现在陶瓷器物上是在东汉时期。

至明末时期，佛教的人物图案又大批出现在瓷器上。明末清初这一动乱时期，景德镇所生产的官窑瓷器带有佛教题材造型和纹饰的瓷器远不如道教神仙那样丰富多彩，常见的仅有寥寥几种，如罗汉图、寒山拾得图、达摩图等。

明永乐、宣德以及成化年间官窑瓷器生产了较多以藏传佛教为题材的瓷器。永宣时期景德镇的御器厂奉旨烧造了大量带有藏传佛教宗教色彩的法器、礼器以及带有藏传佛教特点文字、纹饰的包装容器供皇室使

用。例如永乐时期的无柄壶，宣德时期的僧帽壶、法轮大罐、缠枝八吉祥纹罐，以及成化年间的藏文杯等。明朝时期体现藏传佛教特点的纹饰主要有八吉祥纹、梵文、藏文、十字杵等。

明代僧帽壶的制作较元代有显著增多。僧帽壶盛行于永乐、宣德时期，主要产自景德镇专为宫廷烧制瓷器的御窑厂，其中一部分供赏赐藏僧，部分为宫廷使用。较之元代的造型，明代僧帽壶形态更加优美俊秀，壶流更加修长，壶把更加柔美，云头形装饰的造型也更加精致细腻，壶颈部由元代的直立变为上大下小的敞开形，壶腹部变得更加圆润，下腹部向圈足处收缩，圈足更加精致小巧，各部分比例尺度恰到好处，更能够表现出瓷器的质地、色彩、纹饰之美。

官窑瓷器的生产不仅保留了汉族传统的艺术风格，还与少数民族的传统文化、艺术风格以及宗教信仰相结合，丰富了官窑瓷器的品种，并给制瓷匠人带来了新的思路，促进了官窑瓷器的发展与创新。

藏传佛教在清朝受到推崇。以藏传佛教文化为题材的瓷器被大量生产，其文化特点在瓷器上表现得非常丰富。以藏传佛教文化为题材的御用瓷器除宗教祭祀用品外，也批量生产生活日用瓷，如八吉祥壶、多穆壶、贲巴壶、藏草瓶（图7-17）、高足杯、沐浴瓶、出戟盖罐、瓷塔等器型。

一些藏蒙风俗的生活日用瓷质包装容器也出现在清朝的官窑瓷器中。这些生活用器可以分为两类，一类是模仿藏蒙地区实物的器物，如僧帽壶、高足杯、多穆壶；另一类则是在外部装饰上模仿藏蒙风俗的器物，如八吉祥大罐、八吉祥壶、藏文杯等，常见纹饰有缠枝莲、宝相花、忍冬纹、回文、卷草文、梵文纹饰、莲瓣

图7-17　黄地粉彩番莲八吉祥纹藏草瓶

纹、十字杵、璎珞纹、卐字纹等。这个时期出现的贲巴壶、藏草瓶、瓷塔都是皇室宗教活动的物证。这些以藏传佛教为题材的瓷器，虽然在一定程度上模仿藏蒙地区的器物，但也有属于清朝自己特点的创新，并不拘泥于原物，也未脱离明清时期官窑瓷器烧造的主流风格。

（三）道教题材

我国古代以道教题材为基础的瓷器造型纹饰数不胜数。陶瓷包装容器上的吉祥纹饰即是随着道教的发展而产生的。道教的神仙图案经过人民想象力的再创造，较多地出现在瓷器的纹饰上，如彭祖焚香图、仙人祈雨图、老子出关图、张天师斩五毒图、仙人骑鹤图、八仙图、麻姑献寿图、刘海戏蟾图等。但是，道教图案在瓷器的纹饰和造型上真正开始流行是在元朝，直至明朝嘉靖、万历年间才出现新的高潮。明朝嘉靖年间，因嘉靖皇帝崇尚道教，试图修炼成仙、长生不老，对道教推崇备至，因此嘉靖年间瓷器上的纹饰和造型有诸多道教的题材。

嘉靖时期的陶瓷包装容器以中国传统道教题材为主，比较常见的器皿有葫芦瓶，葫芦瓶的造型也创造出多种样式，如四方、六方、八方或多棱形等。瓷器上也出现了较多以道教题材的神仙故事为主的纹饰，如十八罗汉、老子讲经、仙人乘槎、群仙庆寿、八仙过海、云鹤等（图7-18）。还有的瓷器以灵芝、仙桃、万寿松以及八卦纹、如意纹、灵芝纹等图案作装饰。八卦纹是元、明、清三代瓷器常用的纹饰之一，具有典型的道教色彩。这一时期瓷器上的纹饰还有较多的龙寿纹，用以反映祈福添寿的寓意。纹饰的寓意明确，反映了丰富的道教题材。

图7-18　青花八仙云鹤纹葫芦瓶

（四）伊斯兰教题材

明初的永乐、宣德时期和明中期正德皇帝年间，这两个时期的官窑陶瓷包装容器受伊斯兰教文化因素的影响较为突出。

植物花卉是伊斯兰教艺术品采用较多的题材，以繁缛的缠枝图案为主辅以柔美的曲线，这些花、果、叶、藤等元素都有规律地蔓延在画面中，从中可以让人感受到这些图案似乎都充满了旺盛的生命力，并给人一种梦幻的感觉。这种用于伊斯兰教艺术品上的图案较多地运用在永乐、宣德时官窑所生产的青花瓷上。这种植物花卉、蔬果以及阿拉伯文字在永宣时期的青花瓷器上较为常见，永宣青花瓷器中的日常生活用瓷则均使用阿拉伯文作装饰。

正德时期的伊斯兰教纹饰主要以阿拉伯文字或者波斯文字（图7-19）作为装饰。为了使这些文字装饰更为显眼，常以开光体作为辅助装饰。明初永宣时期的阿拉伯文字或者波斯文字作为装饰的瓷器也仅仅是作为一种装饰和点缀，而正德时期的官窑瓷器常以《古兰经》为题材，并将其中的箴言、圣训格言等题写在瓷器上作为装饰，宗教意义非常明确。

图7-19 （明）青花波斯文字（台北故宫博物院藏）

正德时期伊斯兰风格的瓷器，主要以生活日用瓷为主，有盘、碗、烛台、笔筒、插屏等，也有一些祭祀用的瓷器，如香炉、香筒等；并模仿了伊斯兰国家艺术品如金属器、玻璃器等的造型，将其运用于官窑瓷器的生产中。正德时期的伊斯兰教题材的瓷器加入了很多中国传统元素，使其更符合中国的传统审美。这些伊斯兰教瓷器的造型以伊斯兰风格的纹饰为主，主要有六角星纹、八尖星纹、十尖星纹、阿拉伯式花纹、同心圆开光纹、伊斯兰铭文等。

（五）西方传教士的影响

明清时期，特别是明末与清中后期的传教士对中国科技和文化的发展做出了一定贡献，同时他们充满了对宗教的热忱。传教士西来，多是在皇宫内任职，并与中国的士大夫阶级有很多接触，在很大程度上他们影响了宫廷赏赐用瓷、日常用瓷以及观赏瓷器的风格，使这一阶段的瓷器呈现出西方世界的色彩与艺术风格，体现了一种中西文化的交流与碰撞。外销瓷器的增加与国外市场的扩大，使国外的订单源源不断，促进了中国与西方文化的交流和中国对外贸易的发展。

康熙皇帝曾令于宫中任职的传教士画家将他们所擅长的西方绘画艺术结合到中国传统的宫廷艺术品创作当中，最先便运用到与宫廷日常生活息息相关的官窑瓷器的生产与制作当中，促使清中期官窑瓷器制作工艺发生了巨大的变化，产生了新颖的瓷器品种和西式的表现形式，并创造出了一批新型的瓷绘类型，瓷绘人物形式也因此变得多姿多彩。如图7-20所示，此瓶纹样描绘细腻，尤其是开光内的西洋女子衣着华丽，瓶身因采用了西洋画的明暗透视技法而具有立体效果，葫芦形的瓶体和山水图案则体现了中国传统的文化意味，东西方文化的交融在这件器物上达到了和谐与统一。

图7-20　黄地珐琅彩开光西洋人物纹绶带耳葫芦瓶（北京故宫博物院藏）

三、颜色釉瓷的发展对宫廷陶瓷艺术特色的影响

颜色釉瓷器在我国传统陶瓷产品中占有重要地位。从东汉绿釉陶，唐三彩，宋青釉、黑釉，元明琉璃以至明清时代的产品，其品种更加繁多，内容十分丰富。

明洪武时期的颜色釉瓷可以分为两种类型，一类是两色釉，即器物里外施不同颜色的釉；另一类是单色釉，釉色有红釉、蓝釉、酱色釉和黑釉等。红釉以氧化铜为呈色剂，在还原焰中可以烧成鲜红色，由于铜红的烧成要求比较高，故红釉瓷的发色一般偏于暗淡，但也有发色鲜亮者；蓝釉以钴为呈色剂，可以烧成纯正的宝蓝色；酱色釉和黑釉均以氧化铁为主要呈色剂，黑釉中还含有锰。它们的装饰特点比较一致，内壁绝大多数印有云龙纹，龙纹都为五爪龙纹，器心有浅刻云纹。器型不外乎墩式碗、大足盘和高足杯三种，制作比较规整，碗、盘类一般为砂底无釉，高足杯则多为釉接。

明代的单色釉主要以铜红釉、蓝釉、甜白釉为最名贵的品种。

永乐红釉的烧制成功，是明代景德镇陶瓷工人的一项重大贡献。永乐时期，红釉烧造技术逐渐成熟，器物明显增多，常见器型有瓶、盘、碗、高足碗等。胎薄体轻，造型规整。永乐红釉是以铜为着色剂的高温釉，呈色稳定纯正，一改元代的暗红色调，鲜艳如初凝的鸡血红，后人称之为"鲜红""宝石红"等，由于这类颜色釉瓷主要用作祭品，所以又称"祭红"。

蓝釉是以钴料为着色剂，入窑一次高温烧成。永乐蓝釉，蓝色纯正，釉面滋润；宣德蓝釉，犹如蓝宝石，故有"宝石蓝""霁蓝"等称呼。之后，各朝代虽有蓝釉烧制，但质量明显下降。

甜白釉是永乐、宣德时景德镇御窑厂烧制的一种半脱胎的白釉瓷，因其具有甜润的白糖色泽，故而得名。此外，还有仿哥釉、仿龙泉釉、铁红釉、黄釉、洒蓝釉（也称"雪花蓝釉"）等。

在明代颜色釉的基础上，清代前期的颜色釉瓷器也有很大发展，其名目繁多、品种多变。例如，红釉有铁红、铜红、金红，蓝釉有天蓝、洒蓝、霁蓝，绿釉有瓜皮绿、孔雀绿、秋葵绿。此外，清代仿制的汝、官、钧、哥名釉以及含铁结晶釉的茶叶末、蟹壳青、铁锈花等，也都属于单色釉瓷器中高温铜红釉烧成的，虽然其工艺技术最难，但在清初已达到历史最高水平。

元、明时期盛行彩瓷，除明初的青釉尚可观外，青瓷一度衰落，直到清康熙年间才有苹果青烧制成功，而青釉瓷真正稳定却是在雍正年间。雍正年间烧制出了大件器物，而且产品成品率也高。现藏于首都博物馆的雍正青釉六方大瓶（图7–21），器型规整、釉色均匀，为青釉瓷器制作技术最高水平的代表。

清代高温色釉除上述红釉和青釉外，还有蓝釉、酱色釉和乌金釉；低温色釉中有黄、绿、紫、胭脂水以及珊瑚红诸釉。其中有的是继承了明代的工艺并在不同程度上加以发展，也有的是在清代的工艺基础上进行创新，例如胭脂水、乌金釉、天蓝釉、珊瑚红、秋葵绿等。

其中胭脂水的着色剂是金，因呈胭脂红而得名，又称"金红"，是一种粉红色泽的低温釉，在釉中加入万分之一二的金而成（图7–22）。

图7–21　青釉六方大瓶（首都博物馆藏）　　图7–22　胭脂红釉杯

第三节　民间陶瓷包装容器的发展

明清时期陶瓷生产规模扩大，分工细密，陶瓷产品更加精良，出现了高档艺术陶瓷与一般日用陶瓷整体繁荣的景象。而由于社会主流审美和造物思想的不同，明清两代的民间陶瓷包装容器出现了不同的设计风格。

一、日用为道的明代陶瓷包装容器

明代陶瓷包装容器的造型设计在不同时期有不同的风格。明代初年洪武年间陶瓷器皿的造型更多的是沿袭元末的样式，有浑厚豪迈的气场。永乐时期涌现出一批具有鲜明时代特征的包装器皿，如压手杯、鸡心碗、花浇、折沿盆等，器型小巧精致，柔美内敛，是在吸收融合宋元传统以及西亚金属器物造型风格的基础上，形成的自身特点，直接为宣德时期所传承，后世多以此风格为垂范。

明早期的陶瓷造型继承与创新并重，器型既有元代的厚重，又有宋代的端庄；既不乏外族的新颖，同时又不失自身的秀美俊俏。此后明代各时期都基本沿袭永乐宣德的风格。明中期器型偏向小巧精致，晚期则倾向于局部花样的翻新，造型的附件增多。总体而言，相较于其他朝代，明代的陶瓷包装容器造型设计偏向优雅别致的小巧之作，造型洗练简约、精巧耐看。之所以形成这一风格特征，除了为迎合社会大众的审美趣味以外，也是由于制瓷技术的快速发展。

明代陶瓷包装容器造型在继承前代设计的基础上又有所创新，这种创新大致分为两类。一类是直接沿袭前代器物的基本形制，只是在造型的局部尺度上做稍微调整，如花口碗、盘、高足杯、带盖梅瓶、荷叶盖大罐、压手杯、梨式壶、僧帽壶等；另一类是在此基础上变化而来的、具有时代特征的新器型，如鸡心碗、执壶、蒜头瓶、梅花洗、紫砂壶等。

明代瓷器的造型除继承前朝（特别是日用器）之外，也根据时代的变化而产生新的造型。如永宣时期的天球瓶、双耳扁瓶等；成化时期则以斗彩鸡缸杯、"天"字盖碗等为典型器物；正德、嘉靖、隆庆、万历各时期的方斗碗、大龙缸、葫芦瓶、方形多角罐等也颇具代表性。另外也有各式文房用具如瓷砚、笔管、水注、镇纸、棋盘、棋子、棋罐等瓷器传世。

永乐时期出现的著名造型压手杯（图7-23）也是上承宋制，但更加小巧精致。压手杯形体端庄大方，凝重中见灵巧，握于手中时，微微外撇的口沿正好压合于手缘，体积大小适中，分量轻重适度，稳帖合手，故有"压

图7-23　青花缠枝莲纹压手杯

手杯"的美称。压手杯在拿取时能恰好吻合于手的虎口部位,十分符合人体工程学,当时也被作为把玩之物,后代也常仿制这种器型。

明代瓷器装饰技法已转为以彩绘(绘画)技法为主。绘画纹饰的内容更加复杂多样,动物、植物、人物、文字、花鸟、山水、昆虫及鱼蟹等无不入画。明代早期彩绘以写意为主,画风自由、奔放、洒脱;明中期彩绘以写实为主,画面精致繁复、纹样寓意丰富、色彩绚丽多彩;明代后期彩绘以兼工带写为主,画面抒情达意,简约轻快,极有漫画趣味。明代瓷器上的款式以书写为主,官窑款工整端庄,民窑款则多种多样,以吉祥语款为多见。

元代流行的高足碗在明代早期仍有生产,但局部尺度有所改变。碗体既有撇口深腹,也有撇口浅腹,前者端庄,后者灵巧。还有高足碗碗体呈葵花口,高足呈多棱造型,两者协调统一,似盛开的花朵,精巧秀丽(图7-24)。造型丰富的高足碗,体现出明代商品经济的发达、市场需求的多样化。

斗笠碗、梅瓶、僧帽壶一类是盛产于宋元时期的陶瓷包装容器,在明代仍较为流行,不过其造型样式虽然继承了宋元传统,但在细部处理上却有变化,呈现出自身的时代特征。明代大批量生产的梅瓶,主要用作酒瓶,整体尺度与元代相近,但瓶身略矮,稍显敦实粗壮,有别于宋元时期的挺拔修长。

这一时期除了继承前代造型的样式外,明代永乐、宣德年间还烧制了颇具特色的器型——鸡心碗。这种碗碗腹较深,足较小,碗底心外侧有鸡心形突起,故名"鸡心碗"。明代的执壶(图7-25),壶体改成了玉壶春的造型,是在玉壶春瓶一侧加上柄,相对的一侧再

图7-24　仿哥窑八方高足杯

图7-25　青花花卉纹执壶

加上流。这样的改变使得执壶器型更加流畅秀丽，在明清十分流行。正德年间还出现了蒜头口执壶，嘉靖时期的执壶样式更为繁多，或作龙头流，或将器身制成六方形，还有的将器足加高、壶身呈扁圆状，造型细部处理富有变化。

明代矮身、圆腹的茶壶十分流行，这与自明代起中国人改为饮用炒制散茶的生活习惯有关。紫砂茶壶能更好地保持茶叶的色、香、味，并且色泽古朴、质地厚润、格调高雅、韵味深远，因而受到了江南文人的推崇。

明代的陶瓷包装容器造型有很多依然受到来自西亚伊斯兰器物的影响，例如宝月瓶、卧壶、折沿洗、花浇、卧足碗等。这些外来的器型原身大部分是金属制品，中国往往是借鉴其造型，而用陶瓷材料来制作。

总体来说，明代的陶瓷包装容器装饰设计较为"民俗化"，善于从小处着手，讲究细节刻画，讲究构图布局、规格形式，既有世俗生活的情趣，又不显得庸脂俗粉，是中华民族装饰风格发展的成熟期，基本具备了现代陶瓷包装容器装饰设计的主要特征。

明代是中国传统产品设计观念的顶峰时期。泰州学派提出"百姓日用即道"，反映了当时的社会思潮，并且影响了明代陶瓷包装容器设计的造物观念。

百姓日用即道，基于这一思想，这一时期的日用陶瓷器皿在造型上更加适合普通市民日常生活使用所需，尺度小巧精致，且造型形式多样，并不会因为是百姓日用之品就随意为之。例如各种造型和规格的瓷盒（图7-26），有大有小，长方形、圆形、菱形等器型，瓷盒内部的隔断也有多有少、有宽有窄，这反映了迎合和满足不同人群需求的一种产品设计思维。

二、脱离生活的清代陶瓷包装容器

清代景德镇的民窑大致可分为三类：第一类是烧窑户，即自己有

图7-26 明代各种形制的瓷盒

窑，但不制坯，专为别人烧制瓷器；第二类为搭坯窑户，即先在自己的
作坊内制作陶坯，然后在别人的窑内烧成；第三类为烧圈窑户，即基本
自造自烧，是制瓷业中较大的窑主。清朝虽然在景德镇开设了御窑厂，
但官窑数量并不多，景德镇制瓷业繁荣局面的形成，主要是由民窑烧造
瓷器造成的。

制瓷工艺在清代还是有相当大的发展，但如果单从艺术设计上来
说，清代的陶瓷包装容器设计在造型上无疑是
走下坡路的，总体来看并无多少建树。

清代陶瓷包装容器包括碗、盘、杯、壶、
瓶、炉、罐等，多数主要的造型还是沿用前代
旧制，只是在高矮尺度上做了一些变动。也有
在原样基础上稍微加以改造发展为新品种的，
例如雍正时期的花浇（图7-27）是在明代的基
础上，多加了一个外撇的小口，这样出水更为

图7-27 雍正时期的花浇

方便，是一个贴近生活的造型改进。

清代还出现了折沿碗和折腰碗，这种碗的特点是碗沿突然外撇，颈腹部却向内缩，这样一来，口部的尺度较大，盛食时有较好的视觉效果，感觉颇为丰盛。康熙时期还出现了一种尺寸更高、壁体更直的铃杯，是现代茶道中常用的闻香杯的前身。清代也有一些比较具有特色又实用的创新造型设计，例如康熙晚期出现了各种形式的盖碗，到后来这一形制的器物也被逐渐用来盛放吃食。盖碗（图7-28）是清朝陶瓷包装容器造型设计中一个比较成功的设计创新。

康熙中期开始生产诸如攒盘、套杯等陶瓷包装器物。攒盘是由各种形态不一的小盘组合构成统一的整体，其造型有方形、圆形、六方形、八方形以及各种花卉形、蝶形（图7-29）等，在器型、装饰和色彩的处理上能够做到多样统一。清代攒盘是在明万历年间的各种瓷盒造型的基础上发展而来的，明代的瓷盒体积大，单元格之间不能拆分，搬运和清洗都不方便。而攒盘的造型设计可以方便拆分、任意组合、叠放储存、节约空间，基本解决了以往瓷盒在使用上存在的问题，同时又保留了其实用价值，使用起来十分方便，视觉上也很美观，是值得肯定的设计亮点。

图7-28　画珐琅盖碗

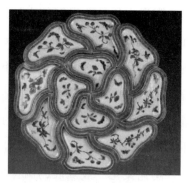

图7-29　五彩描金花蝶形攒盘

康熙时期流行的套杯也是具有这种组合系列设计优点的造型设计，即由同一形态但大小不等的数个杯盏组成，可由大至小叠摞，节约空间，而分别放置时则产生由小到大的渐变效果，每个杯盏往往采用相同或相近的装饰，是十分优秀的系列产品设计。

但是清代的陶瓷包装容器造型设计总体上来说是脱离生活的，重点在卖弄技巧。在清代景德镇御窑厂生产的陶瓷器物中，日用器皿已经不占主流。御窑厂生产的大批量仿古瓷、仿生瓷，或以陶瓷模仿其他材料，或是一些造型奇特，但既不实用也不美观的瓷器。自乾隆中后期开始，这种浮夸的审美观尤其盛行。上行下效，民间也学习这种风气，开始大量烧制这类颇费工夫、价值昂贵、看似高档，但却不甚实用、不甚美观大方的瓷器。

一些形制奇特、标新立异的陶瓷包装容器造型，如寿字壶（图7-30），此种器皿造型奇特，器型臃肿，毫无美感，且不实用。诸如此类的还有各种福字瓶、寿字瓶、转心转颈瓶、双联瓶、四联瓶、多孔壶等。

当然清代也有一些较为美观的陈设陶瓷包装容器造型设计，但是较有创新的造型设计多集中在康熙至乾隆时期，而以康熙时期的器型设计最具有新意和气势，雍正时期的则更显柔美和优雅，而其余时期的陶瓷造型多是羸弱而了无生趣的。

图7-30　寿字壶

三、清代陶瓷包装容器的运送形式

清代大批量的御用陶瓷包装容器分春秋两次运送进宫时，都是采用桶装的运送形式，也正因此，大批量运送的瓷器也俗称"桶瓷"（图7-31）。一些相对精致的器物，还会用纸包裹后放入木匣内（图7-32）运送入宫。

同时期使用的还有相对简易且多用于商业用途的竹笼装瓷，在现在的越南钵场窑场还可以看到与我国景德镇旧法完全相同的陶瓷包装容器运输形式（图7-33），在一些风俗绘画中也有体现（图7-34）。

图7-31　运送瓷器的桶

图7-32　木匣装瓷器

图7-33　越南钵场窑场中的瓷器

图7-34　清代风俗画中的竹笼装瓷

第四节　外销陶瓷包装容器的发展

　　明清时期，大约有上亿件中国生产的陶瓷包装容器运往欧洲。特别是明末清初，欧洲人都以拥有中国的瓷器为时尚。这一时期受到外销需求的影响，出现了很多新的设计风格。但是由于欧洲本土瓷器的发展，外销瓷逐渐退出了历史主流。

一、外销瓷的发展与没落

明代早期，中国陶瓷包装容器的对外输出并非贸易行为，郑和下西洋所带的陶瓷，并非销售而是赠予。这种行为扩大了中国瓷器在世界范围内的知名度和影响力，致使宣德时期大量海外订单涌向中国，极大地促进了外销瓷器的生产。

但明代中期中国的北方受到战乱影响，处于内忧外患之中，致使景德镇瓷业的生产大受打击。及至嘉靖、万历年间，东南沿海又饱受倭寇的袭扰，明政府严令海禁，正规的瓷器贸易受到极大的影响，规模大大减少，瓷业陷入困境，几乎停顿，但是，即使倭寇在沿海地区大肆掠夺，当时的外销需求依旧巨大。同时，阿拉伯国家的瓷器需求依然很大，由此催生出外销瓷生产的一个怪现象：福建南部山区利用便利的资源大量生产瓷器，并用小船通过水路偷运出海，再换成大船运往日本及西亚各国。

嘉靖四十四年倭寇灭绝，福建巡抚请开海禁，自此出现了延续300余年的海外陶瓷贸易热潮。其中仅在康熙年间，朝廷为解决台湾问题采取海禁而使海上贸易稍有停滞之外，瓷器外销几乎就没有断过。清康熙二十二年重开海禁，中国陶瓷外销数量达到历史最高峰，大量海外订单蜂拥而至。

嘉庆以后，由于欧洲已掌握高温瓷器的烧制技术，故与中国的瓷器贸易大大减少，仅特定的品种才从中国定制，此时外销瓷的销售地基本转向东南亚国家如泰国、印度尼西亚等，规模大不如前，自唐以来延绵千余年的外销瓷终于退出历史主流。

二、外销陶瓷包装容器的种类和样式

（一）18世纪以前

最初葡萄牙人从中国买回的瓷器应该是普通的中国风格陶瓷包装容

器，这类瓷器现在也经常能在西方看到。但是很快葡萄牙人就开始定制有他们喜欢的西方风格的瓷器，如与基督教题材有关的瓷器、大家族的徽章瓷器以及少量写有船员名字的瓷器。

由于当时的葡萄牙人没有稳定的据点来进行瓷器贸易，而且贸易也非常的不固定，因此定制的东西经常到不了买家手中，而这类瓷器往往又都是为王室或上层贵族定制的。因为定制的特殊瓷器数量少、价格高，不利于大量出口，中国的瓷器商人便特别设计生产了符合西方人审美要求的克拉克瓷器，为中国瓷器赋予了符合西方审美要求的风格，因此很快就大批量生产出口到欧洲。

通过对国外档案记载和中国窑业遗址的研究，目前知道最早的克拉克瓷大概是在万历初期出现的，而在此以前出口的瓷器大约都是明代的内销瓷器。最迟到崇祯时期，克拉克瓷已经有多种样式可供选择。据荷兰东印度公司的档案记载，1639年荷兰商人在定购瓷器时就按造样本指定了瓷器的样式和种类。

克拉克瓷器（图7-35）最早是由景德镇生产的，其布局多半采用外圈由多个开光或锦地开光图案组成，边饰围绕中间主要图案的形式，图案主要是中国传统的花鸟、人物、吉祥物等样式，到后来也出现了充满异国风情的繁密纹饰，如新颖的郁金香纹样，西方的神话、宗教、人物和社会生活图案。克拉克瓷器质地细腻，画工精美，胎体轻薄，釉水明亮，发色雅致，颇受欧洲贵族喜爱，几乎畅销整个16世纪后期和17世纪。

除景德镇外，福建地区也在16世纪后期开始大量仿制、生产类似的瓷器，其中最有名的是福建漳州的一些窑口。此外，日本也开始仿制景德镇的克拉克瓷器。

福建漳州所属窑口从16世纪中叶以后开始仿制克拉克瓷器，生产的这类瓷器的主题多见凤凰、麒麟、"寿"字、松鹿、

图7-35 克拉克瓷盘

鱼藻、飞马、鸭戏荷塘等图案，而其开光中则爱画牡丹、莲纹、竹子、八宝等图案。汕头瓷器的画工较景德镇的克拉克瓷器要粗糙，不过因为其用笔粗犷豪迈、毫不拘束，不少图案也显得很有力度。

得益于地理位置临近当时的官方对外港口——月港，福建克拉克瓷器大量销往日本和东南亚等国家，也有一些销往欧洲各国。到了17世纪初期，外国海船等异域风格的图案也开始在汕头瓷器上出现，但是传统的主题图案一直占绝对主导地位。

景德镇的克拉克瓷器直到清早期还有少量生产，而福建窑口到清中期也还偶尔生产克拉克瓷器。

克拉克瓷器应该算是早期出口瓷器中最主要的一种样式了，当然这种样式只是从总体上来说的，其细微的变化是多种多样的。这类式样是中国瓷器商人和工匠为西方商人设计并大批量生产的，当然也有可能在设计过程中借鉴了西方的一些图案设计。

到了17世纪中叶，因为荷兰占据台湾岛，有了稳定的贸易地点，因此定制瓷器更为可行，订购品也大量增加，订购者除了国王和贵族，还有平民百姓和商人。1639年，荷兰订购的瓷器达25000件。与此同时，中国人为了满足欧洲人的需求，在陶瓷包装容器的造型和纹饰的制作上添加了西方的设计元素，如荷兰的郁金香图案（图7-36）、西欧有特色的建筑等。

纵观整个16~17世纪，除了极少数的定制瓷器外，克拉克瓷器几乎成为这两个世纪出口瓷器的唯一样式，而且大多是青花瓷，也有少数是五彩的。除此之外，一些内销的瓷器，特别是一些单色釉瓷器，如福建德化窑口的白瓷在瓷器出口中也占有一定的比重。在这一时期，有的出口瓷器的器型与内销瓷器也有区别，如一些西方风格的军持、药罐、执壶、奶杯等。

图7-36　带郁金香图案的克拉克瓷盘

当时的荷兰商人还向中国景德镇订购更符合西方人使用习惯的瓷器，其订购的主要品种有啤酒杯、芥末瓶、盐尊、尿壶、茶具和咖啡具等。这类东西与克拉克瓷器不同，它们往往不采用开光的形式，而是在器身上直接画山水、人物、花鸟等中国风格的图案，以此来与欧洲同样形式的陶器和玻璃器皿相区别，突出中国特色。

（二）18世纪以后

从17世纪晚期康熙开海禁，特别是18世纪各国到中国广州开商馆直接通商以来，受直接贸易的影响，西方商人对瓷器生产的影响力明显加大，大量订货的瓷器往往是根据商人的要求来生产，因此种类繁多，变化迅速。

这一时期的瓷器订货比以前要容易得多，相应的定制瓷器较前两个世纪也普遍增加。由于定制的瓷器数量小，绘制难度大，而且制作周期长，当时还出现了订烧瓷，这类瓷器是由景德镇工匠将各种比较流行的西方式样的设计用彩料绘成"样盘"，供外国人选择参考。这种盘往往是在广州当地加彩二次烧制，交货迅速，因此深受西方商人喜欢。

此时期，有不少瓷器采用了欧洲的主题，以吸引欧洲商人，如荷兰的殖民据点、瑞典的首都、英国的乡村风景、欧洲的城市生活场景等都是当时瓷器的常见主题。此外，一些当时的大事也经常出现在瓷器上，另外圣经中的故事（图7-37）、欧洲名画也会在瓷器上体现。

由于这一时期的很多主题和瓷器的器型都是按照欧洲商人提供的图样来设计的，因此当时欧洲风格的餐具、茶具等都是出口瓷器中的常见品种。这类陶瓷包装容器现在欧洲也很常见，让人很难相信它们是来自中国的古老瓷器。

同时，这一时期也是西方文化对出口瓷器影响最大的时期，很多新的符合欧洲人生

图7-37 （清）耶稣受洗图盘（广州博物馆藏）

活习惯的器物被西方商人带到东方，并由景德镇的瓷器工匠进行仿制。1989年在越南头顿发现的中国康熙时期的沉船上，就载有不少明显有西方风格的瓷质包装容器，例如带盖的高脚杯、高脚蒸盘、高脚酒杯、长筒盖罐、带盖茶杯、带盖细高杯、军持、各种形式的葫芦瓶、各种奇怪形状的带盖和不带盖的花瓶、各种带把芥菜罐、带把和盖的大茶杯、带盖水壶、束腰小香料尊、小圆药盒、带盖观音瓶、各种奇形怪状的花觚，等等。这一时期的瓷质包装容器品种还有汤锅、吐痰杯、糖罐、奶罐、果篮、漏盆、沙拉盆等。

另外，一些传统的中国器型也经常根据欧洲人的审美加以改造。例如康熙时期的花觚，就有各种符合西方人审美观念的造型，并且往往是一组五只一起生产，包括花觚和有盖的观音瓶，欧洲人常把这组瓶子放在客厅的壁炉上作为装饰。由于欧洲人喜欢大件的瓷器，因此当时也生产了许多大件瓷器以供出口。

从18世纪早期开始，彩瓷成为中国出口瓷器中最畅销的品种，并且价格是青花瓷器的几倍。不仅如此，彩瓷的出现，也使西方的透视画法得开始与中国传统画法相结合。

18世纪虽然粉彩瓷器发展极为迅速，但是由于欧洲商人纷纷抢购，在乾隆时期，出口商们将许多景德镇白瓷运到广东再加彩烧制后就近出口，这些彩瓷一般被称为"广彩"。另外还有一些商人干脆把景德镇的优质素胎瓷器运到欧洲，由欧洲画家就地上彩，画上各种欧洲风格的主题。

这一时期的彩瓷中还有极少数的墨彩瓷器，大部分也都是欧洲特色的纹饰和主题，传统中国风格的墨彩瓷器相当少见。另外，斗彩也少量运用到了出口瓷器上，但是因为斗彩极为耗费工时，制作也远比一般瓷器复杂，因此在外销瓷器中格外罕见。

这个时期还有一种外壁为酱釉、内画青花或粉彩的瓷器相当流行，这类瓷器以青花为多见，粉彩极少，到乾隆后期基本消失。不过到晚清光绪时期，又重新出现过青花的酱釉瓷器，以鱼藻纹为多见。

整个18世纪可以说是中国出口瓷器的黄金时代，各种形状、大小、纹饰、主题、色彩的外销瓷器层出不穷、应有尽有，中国的瓷器生产达到了顶峰。

19世纪主要的瓷器进口国是美国。这个世纪中国的瓷器出口一直在走下坡路，瓷器的质量和数量都有明显下降，也没有太多的创新。除青花瓷器外，粉彩，特别是广彩是主要的出口品种，其制作质量和纹饰都不如清早期。

18～19世纪除了多种多样的按照订单制作的瓷器以外，也有几种制作量比较大，形成了自己风格的瓷器纹饰式样。这些式样在实际生产中虽然有变化，但是变化比较小，其主要的风格和原则保持不变，因此是比较稳定的式样。如开光式样、南京式样、柳树式样、广东式样等，另外还有一个出口样式是专门为西方市场设计的，叫Fitzhugh样式。在19世纪比较流行的样式中还有贵族生活式样、大奖章式样等。

此外，这一时期还有白菜式样、绿龙式样、百蝶式样等。到清代后期，出口瓷器除几个大宗的产品外，其他都是直接从市场上购货，加上这一时期很多外销陶瓷包装容器的式样也融入了内销瓷器的式样，因此内外销瓷器的区别较早期更为模糊。

三、竞争者的出现

（一）日本的伊万里瓷

日本真正的瓷器诞生于江户时代初期，有田窑场开窑烧瓷，以此处为中心，周边窑炉兴盛，制瓷业迅速发展起来。有田烧是日本最早研烧的白瓷，开启了日本制瓷业的新里程，从此日本瓷器结束了完全依赖进口的时代。

有田烧的产品经北方的伊万里港运往欧洲，且肥前一带的窑业多在伊万里商人的控制之下，因此，有田烧生产的瓷器又称"伊万里瓷"。有田烧最初生产的白瓷只是纯白的瓷器，随着大量中国明代瓷器尤其是景德镇青花瓷进入日本，日本工匠开始深入学习中国的瓷器烧制技术，瓷艺突飞猛进。

明代正德初年，日本伊势人五良太浦到中国学习制造青花瓷的技术，回国后在肥前的有田附近开窑，大量烧制青花瓷，伊万里窑成为青花名窑。还有一位名为喜三右卫门的工匠，用赤绘技术成功烧制出日本第一件彩绘瓷器，形成独特的日本彩瓷风格。

明末清初，清政府实行禁海政策，欧洲各国无法在市场上获到中国瓷器产品。荷兰东印度公司不得不将目光转向日本的有田瓷器。有田的窑场趁机扩大生产，暂时取代中国瓷器销往欧洲，开拓了欧洲市场。

1684年，清政府解除海禁，重开海上贸易，景德镇瓷器得以重新出口，销量激增，与日本伊万里瓷器在欧洲市场角逐。伊万里瓷很快在竞争中败下阵来，加之欧洲各地窑场开始纷纷研制瓷器，伊万里瓷在欧洲的竞争力迅速下降。大约在1757年，伊万里瓷向欧洲的出口正式落下帷幕，结束了将近一个半世纪的辉煌。

伊万里瓷和中国外销瓷在17~18世纪传入欧洲，对欧洲制瓷业的兴起，尤其是德国的麦森（Meissen）窑、法国的塞弗勒（Sèvres）窑、英国的切尔西（Chelsea）窑产生了巨大影响，共同推动了世界陶瓷工艺的繁荣与发展。

（二）欧洲瓷器

在18世纪的初期，炼金术士约翰·弗里德里希·伯特格尔（Johann Friedrich Böttger）与神圣罗马帝国的宫廷科学家埃伦弗里德·瓦尔特·冯·契恩豪斯（Ehrenfried Walther von Tschirnhaus）烧制出了欧洲第一件洁白透明的白釉瓷器，同时麦森制瓷厂应运而生，制瓷工业迅速在欧洲发展起来。

1739年德国瓷画家贺罗特创作了"洋葱"纹饰，这一系列的仿制品也被称为"蓝色洋葱"系列。而最出名的当属青花"柳树式"图案（图7-38），相传由英国人约西亚·斯波德（Josiah Spode）于1790年前后从一种被称为"满大人"（Mandarin）的中国风中沿袭而来。

与中国瓷器注重实用的导向不同，欧洲瓷器一开始便作为彰显主人身份的陈设品而存在，在之后的发展中，大量精雕细琢、活灵活现的人物塑像被烧制出来，成为瓷器中的一大主流产品，如德累斯顿瓷器中的花边瓷俑。

图7-38 "柳树式"图案

1800年前后，托马斯·弗莱（Thomas Frye）在制造瓷器的过程中偶然掺入动物骨粉，后经约西亚·斯波德继续研究而发明出骨瓷。这一新瓷品的发明使英国陶瓷的档次发生了质的飞跃。骨瓷比传统瓷器更薄、更透、更白，骨质瓷造型独特、简洁明快，质地洁白而细腻，是世界上公认的高档瓷种，号称"瓷器之王"。

19世纪初，瓷器原料与制瓷工艺已不再是秘密，德、英、法、意等欧洲国家均运用不同配方，分别制造出在本国独树一帜的瓷器品种，一时间制瓷厂在欧洲遍地开花。

诸如英国的"韦奇伍德"（Wedgwood）、丹麦的"皇家哥本哈根"（Royal Copenhagen）、意大利的"卡波迪蒙蒂"（Capodimonte）等都是著名的制瓷厂商。这些纷纷涌现的豪门制瓷厂见证了制瓷业成为欧洲工业革命时期最重要的新兴产业之一的历史。制瓷业的发展还进一步推动了工业化的进程，装配流水作业法正是首先出现于制瓷业，为欧洲文明的再一次演进写下了重要的一笔。

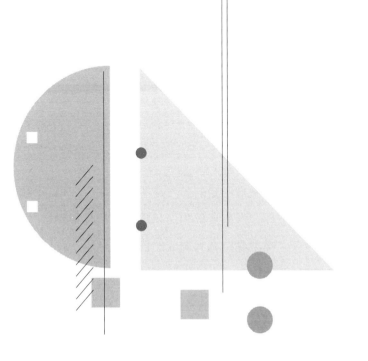

第八章

中国近现代陶瓷包装容器的设计

随着技术的进步、经济的发展、审美观的变化，中国近现代陶瓷包装容器的设计焕发出崭新活力。新技术的应用让陶瓷的造型和纹饰都有了更丰富的内容，随着环保意识的增强，设计师们在陶瓷包装容器设计中融入了新的环保设计理念，经济的发展和对外贸易的繁荣也让陶瓷包装容器设计在品牌和文化体现上有了更进一步的思考。

第一节　印刷技术的发展

陶瓷包装容器上的图案装饰方法，常见的包括直接印刷、贴花印刷等，随着印刷技术的进步，喷墨印刷技术也开始应用在陶瓷上。

一、直接印刷

直接印刷适用于陶瓷包装容器上较为简单的纹样，一般是装饰线条、文字等，采用金墨、电光水、青花颜料制成的印墨，直接印制在容器上。直接印刷工艺设备比较简易，适于小批量生产。常见印刷方式包括盖印、球面和丝网等印刷方式。

（一）盖印

陶瓷包装容器的图案印刷最原始的方法是图章盖印，即用不同的柔性材料刻成图纹进行盖印，后发展成为面积较大的橡皮雕刻版。用不加溶剂的色素和饴糖之类的黏结调料制成的油墨印刷釉下花纹；添加溶剂的陶瓷颜料加亚麻仁油、松节油制成油墨，印刷釉上花纹，提高盖印的装饰效果，雕刻的印版图纹复杂细腻，边花、满花都可印刷。

盖印彩绘结合，分釉下装饰与釉上装饰。

釉下装饰，以线条为轮廓，在轮廓线内蘸水色。印轮廓线的油墨以有机染料制成，其必须能隔住水色，不使水色超越线外。瓷坯印上或画上的线条在高温下烧没，花叶、花朵上的轮廓线成为无色的白线。

釉上装饰，以线条为轮廓，起定位作用，在轮廓线内进行绘画，如粉彩、广彩能提高彩绘效果，也可两次焙烧盖印金墨装饰。

（二）球面印刷

球面印刷也称曲面印刷。在专用印刷机上装有用硅橡胶制成的章鱼头式的球体和雕刻镀铬凹版，硅胶头将版纹中的陶瓷颜料油墨转印到陶瓷面上，以印刷有弧度的盘、碗等。使用球面印刷机要求陶瓷容器烧成后的规格、弧度、坯体厚薄一致，不能有变形坯体，且陶瓷烧后釉面平整无波浪纹。

（三）丝网印刷

对于直筒形陶瓷容器，可以在装有丝印网版的专用印刷机上进行印刷，将陶瓷包装容器以四支小辊支撑，上装刮板，与网版同速接触回转印刷。对圆锥面容器印刷时，则需要机械作扇形移动，结构比较复杂。

使用丝网印刷的陶瓷包装容器印刷装饰纹样一般是线条、色块等几何图案，网点层次印刷较难，产品是中低档单件。丝网制版与一般丝网版工艺相同。印刷油墨用陶瓷釉上丝网颜料、丙烯酸树脂、乙基纤维素类树脂，加松节油、溶剂油、煤油等溶剂制成，如图8-1所示。

图8-1　丝网印刷陶罐

二、贴花印刷

（一）工艺概述

贴花印刷是将涂有胶膜的纸张印上图文（称贴花纸），再转印于各种材料表面上的印刷方法。印好的贴花纸图纹为反向。贴花纸经过处理，使胶膜溶解，贴在陶瓷包装容器上，揭去纸张，图纹即转为正向，附着于容器表面，然后加以固着即成。印品色彩鲜艳，色泽均匀，着色牢固，耐化学溶剂，但成本较高。贴花印刷除用于陶瓷制品外，还用于玻璃、搪瓷、金属、木制品的印刷。可采用平印、凸印、凹印、丝网等工艺印制贴花。

（二）制版

19世纪末~20世纪中叶，瓷贴花印刷曾以石印为主。瓷贴花的制版印刷工艺与其他产品基本相同，不同之处是使用裱糊的专用纸。先印亚麻仁油图纹，然后将陶瓷颜料粉末黏附在图纹上，套色完毕后再印一遍亚麻仁油覆盖层，油膜起到将颜料转移到瓷面上的作用。

到20世纪60年代中期，又以胶印代替石印印刷贴花纸，提高了自动化程度，使印刷与擦粉两道工序配套完成，从而实现了以胶印为主的机械化新工艺生产，这是陶瓷贴花纸生产的又一次重大变革。陶瓷贴花制版有其特殊要求，目前是手工绘版、照相分色和电子分色并用。

手工绘版工艺，是在纸上分色，先把原稿轮廓用透明纸描出来，经照相放大，用照相原纸印成淡蓝色样，在色样上用手工分出不同色版，再按所需尺寸缩小成为分色版。

照相分色工艺，是指在一台制版照相机或制版放大机上，分别通过红、绿、蓝三个颜色的滤色片在感光片上曝光，将一张原稿分解为三张阴图底片的过程。陶瓷贴花原稿大部分是绘画稿，不适合直接加网分色，较适宜两翻一拷照相工艺，通过修版弥补缺陷。如果原稿绘制细腻、层次好、无脏点，可以直接加网分色。

电子分色制版对天然色稿、人物风景、名人字画的复印有明显优越性，但电子分色不能完全替代其他制版工艺。

（三）贴花用纸

裱纸是贴花印刷较早的用纸。裱纸工艺是用150g/m² 胶版纸、17g/m² 拷贝纸，涂上海藻酸钠胶水，在卷筒裱纸机上裱合，烘干复卷后，再在裱合后的拷贝纸面涂上合成胶或阿拉伯树胶与甘油等配成的胶液，分切、晾干、轧光、包装备用。

PVB薄膜是新研制的代替陶瓷印刷裱纸的材料。用PVB生产陶瓷贴花纸，能大量节约纸张，降低成本，并改善劳动条件。

（四）凹凸版印刷

陶瓷凹版印刷主要适用于釉下、釉中的印刷。凹版印刷墨层比平印、凸印厚，有较好的遮盖力，纹样颜色厚实。目前，陶瓷凹版制版较多采用的是腐蚀版和手工刻版。凹版釉下油墨要求颜料细度高，对版面不磨损，使用水溶性调墨黏结料，不影响挂釉。而釉中印刷油墨的主要原料是颜料色素加油质调墨黏结料，花样贴在低温釉面上，在同样烧制温度下颜料下陷到釉中，成为抗酸光亮的高档产品。而采用平印工艺的釉中贴花印刷，相对凹版则色相差，墨层薄，效果不好。

凸版印刷陶瓷贴花的优点是印刷墨层较厚。由于凸版印刷不用酸性润版液，颜料不受酸的作用，烧成后花面颜色鲜艳光亮，抗蚀性强，可印刷精致的产品。凸版印刷工艺设备有两类：平台回转式凸版机和干胶印机。平台凸版已由铜锌版材料发展到固体树脂版，可以印刷精细网点的产品。干胶印版是以0.3mm厚的铁皮涂上高强度尼龙为版基，再涂固体树脂感光胶，显影后适于干胶印。

（五）贴花丝网印刷

陶瓷贴花丝网印刷是近年发展起来的。丝网印产品的铅、镉溶出量低，装饰效果好，适用于接触食物的陶瓷包装容器。

丝网印刷的分色制版工艺与平版制版不同，可根据原稿的特点选用手绘版、照相分色或电子分色工艺。

通常贴花印刷设备是滚筒式全自动丝网印刷机。此类设备的优点在于，网版在刮刀压力下接触滚筒面积小，网版迅速抬起能保持版面清晰，线条光洁。而丝网印刷的油墨有两种类型，膏状触变型油墨适用于精细的加网印品的印刷，而流体型油墨适用于线条色块的印刷。

小薄膜贴花纸是各国广泛使用的贴花纸。画面先印在涂有水溶性胶质的专用纸上，再将高分子聚合物溶液按画面的形状用网印的方法覆盖其上，干燥后即成为画面各自独立的小薄膜花纸。小薄膜有良好的柔韧性和机械强度，能很好地贴附在器皿表面，适用于几何形态比较复杂的陶瓷、搪瓷、玻璃制品的转移印花。

三、喷墨印刷

喷墨印刷采用全自动的电脑数控模式，突破了传统丝网印刷和滚筒印刷的局限性，创新性地使用非接触式喷墨打印新工艺，开创了瓷砖印刷技术的划时代革命。瓷砖的喷墨印刷技术与纸张的数字喷墨打印原理相同，于1997年由美国福禄公司率先发明。

陶瓷的喷墨印刷要用的墨水是无机材料合成的陶瓷釉料，还要经受高温的烧制。因此对墨水的分层、沉淀发色、细度分散性、流速稳定性等方面都有严格的要求。陶瓷喷墨印刷墨水通常由陶瓷粉料溶剂、分散剂、结合剂、表面活性剂及其他辅料构成。

瓷砖的喷墨印刷较以往的丝网印刷和滚筒印刷具有一定的优势。其一，图案印刷精度高、取材广泛，由于喷墨印刷机是集电控墨水使用、机械合成图案设计、数控操作等多个领域高端技术的印刷设备，其打印分辨率高达360dpi，而普通陶瓷设计用到的只有72dpi，128dpi已算是很高了。其二，喷墨印刷机喷头可喷出7种色彩的墨点进行打印，可以获得具有强烈色彩对比效果和高质量、超清晰的图案。其三，由于喷墨印刷是无版印刷，因此在印刷时，打破了丝网印刷和滚筒印刷的版数限制，从而可以集所有颜色于一次印刷中，极大地提高了色彩的丰富性和层次感，给予陶瓷包装容器绚丽的色彩美感。喷墨印刷实现了非接触式印刷，这种技术可以进行多角度、高致密性地上釉，能够完全呈现瓷砖立体造型面的设计效果，其更是首次实现了在瓷砖立体造型面上的一次性印刷，尤其实现了各种凹凸浮面砖和斜角面上纹理的生动印刷，凹凸立体面落差可达40mm，斜面无障碍，令各种特殊造型的配件与主砖衔接更自然，图案真实，宛如照片般逼真清晰，整体铺贴效果更美观大气。

第二节　绿色包装设计理念

随着21世纪绿色思想的提出，全世界掀起了以保护环境和节约资源为中心的绿色革命，绿色包装已是世界包装变革的必然趋势，同时也适用于陶瓷包装容器设计。

一、绿色包装的兴起

绿色包装的说法源于1987年联合国世界环境与发展委员会发表的《我们共同的未来》中，1992年6月联合国环境与发展大会通过了《里约环境与发展宣言》和《21世纪议程》，随即在全世界范围内掀起了一个以保护生态环境为核心的绿色浪潮。

绿色包装希望达到对生态环境和人体健康无害、能源循环和材料再生利用、促进可持续发展的目标。

绿色包装的定义为：对生态环境不造成污染，对人体健康不造成危害，用料节省，用后利于回收再利用并且填埋时易于降解的符合可持续发展要求的一种环保型包装。也就是说包装产品从原材料选择、产品制造、使用、回收和废弃的整个过程均应符合对生态环境保护的要求。

1996年，国际标准化组织ISO，成立了TC207环境管理技术委员会，颁布了ISO 14000环境管理体系标准。它是绿色产品的国际新标准，也是指导绿色包装设计的国际新标准。无疑ISO 14000的颁布将绿色产品、绿色包装的发展又向前推进了一大步。

国际上要求绿色包装符合"4R+1D"原则，即Reduce（轻量化）、Reuse（再利用）、Recycle（循环再生）、Recovery（回收再用）和Degradable（可降解腐化）。目前，建立绿色包装体系已成为世界贸易组织的要求，它日益成为消除贸易壁垒的重要途径之一。

在世界环保大潮的冲击下，我国包装学术界1993年提出环保概念，要大力发展绿色包装。同年，中国包装总公司向全行业正式提出"发展绿色包装，保护生态环境"的号召。1995年10月，我国颁布《中华人民共和国固体废物污染环境防治法》，明确规定"产品应当采用易回收利用、易处置或者在环境中易消纳的包装物"。1995年底，中国包装技术协会、中国包装总公司制定了《全国包装行业"九五"发展规划及2010年远景发展目标》，规划中强调，在包装工业快速发展的同时必须加强环境保护，要坚持包装发展与环境保护同步的原则，把包装对环境的污染减少到最低程度。同时提出从包装原辅材料生产到包装制品、机械设备、包装废弃物的管理和处置等方面，逐步实施绿色包装工程的计划，并协同有关部门制订配套政策、法规、扶植绿色包装的发展规划。

绿色包装在世界环保大潮的推动下，于20世纪80年代兴起，在20世纪90年代又随着全世界环保意识、可持续发展战略、生命周期分析理论以及国际绿色标准ISO 14000的确立，获得了较大发展。毫无疑问，21世纪是绿色世纪，绿色包装是世界包装发展的大趋势。

二、绿色包装设计

绿色包装的特点：①材料省，废弃物少，且节省资源和能源；②包装材料可自行降解且降解周期短；③易于回收利用和再循环；④包装材料对人体和生物系统应无毒无害；⑤包装产品在其生命周期全过程中，均不应产生环境污染。

因此，绿色包装材料主要包括：①重复再用和再生的包装材料，如饮料、酱油、啤酒、醋等的玻璃瓶、陶瓷瓶包装容器；②轻量化、无氟化、高性能的包装材料，这类材料是对现有的包装材料进行开发、深加工，在保证实现产品包装基本功能的基础上，改革过度包装，发展适度包装，尽量减少包装材料，降低包装成本，节约包装材料资源，减少包装材料废弃物的产生；③可降解包装材料可广泛用于食品包装、周转箱、杂货箱、工具包装及部分机电产品的外包装箱等；④天然生物包装材料，如纸、木材、竹编材料、柳条、芦苇以及农作物茎秆等，均可在自然环境中分解，不污染生态环境，而且可资源再生，成本较低；⑤可食性包装材料，可以食用，对人体无害甚至有利，具有一定强度，原料主要有淀粉、蛋白质、植物纤维和其他天然物质。

因此，从绿色包装的特点与材料出发，绿色包装设计的原则为：①优化包装结构，减少包装材料的消耗，努力实现包装减量化，以最少用料达到极佳保护效果，低成本、高效率、很环保；②研制开发无毒、无污染、可回收利用、可再生或降解的包装原辅材料；③研究现有包装材料有害成分的控制技术与替代技术，以及自然"贫乏材料"的替代技术；④加强包装废弃物的回收处理，主要包括可直接重复用的包装、可修复的包装、可再生的废弃物、可降解的废弃物、只能被填埋焚化处理的废弃物等。❶

三、陶瓷与绿色包装设计

陶瓷作为传统材料，因其物理化学的稳定性和独特的材质美，在包

---

❶ 蔡惠平. 包装概论 [M].2 版. 北京：中国轻工业出版社，2018：37.

装容器领域的运用越来越广泛，如何将绿色设计的理念与陶瓷包装容器相结合成为要考虑的首要问题。基于绿色理念的陶瓷包装容器设计要素主要包括以下两个方面：

一方面，从功能要素看，产品最首要和基本的就是要满足功能需求，容器是物品的承载物，要满足保护商品免受损害、方便物品取放使用、促进商品销售的基本功能要求。容器本身要方便使用，造型美观，作为绿色产品也要对环境无污染。

另一方面，是技术要素，这是最直接制约设计实现的要素，材料以及加工工艺都影响着产品的最终形式。随着技术的进步，烧制方法的改进，通过细微的改变可以产生千变万化的效果。使用的材料也从天然材料衍生出人工合成材料，带来了包装形式的多样性。绿色环保理念下的陶瓷包装容器更应该考虑到其材料和生产过程的环保性以及回收利用因素，利用技术的革新进行不断完善。

随着新时代设计思潮的推动以及技术的革新，陶瓷材料应用范围更加广泛，打破了传统的限定，实现了跨界发展，被广泛应用于新领域，例如：产品包装、灯具、饰品、陶瓷卫浴等。陶瓷材料的跨界使用，为包装设计开辟了新的市场。现代新技术条件下产生的现代新型陶瓷具有密度低、硬度高、耐热性好等一系列优点，以氮化硅为基础的高性能陶瓷已成为现代工业新材料家族中的重要一员。

第三节　品牌理念与陶瓷包装容器设计

全球企业已从单一的产品营销发展到品牌营销这一高级阶段，创立品牌便成为所有谋求长远发展的公司的共同选择。品牌与包装设计都是系统化的工程，它们互为作用、相互补充，需要整合。

品牌往往被认为是通过广告让人们相信事实上并不存在质量差异的物

品存在着质量差异，从而对相同的产品收取不同价格的手段。❶品牌不是质量保证，但是它确实在 定程度上能够减少消费者对质量的担忧。例如，消费者在陌生城镇一家灰暗而破旧的小商店里买汽水，如果汽水瓶或汽水罐上贴着可口可乐或七喜的商标，消费者就可以不必担心质量问题。

如同经济流通中的其他事物一样，品牌既有收益，也有成本。由于品牌如同某些知识的替代品一样，它们的价值大小，取决于你对产品或服务了解的多少。

品牌并非一直都存在。它们出现、延续并发展壮大是企业不断坚持和发展的结果。一家企业的资产，其中最大的一部分可能就是它的品牌价值，虽然品牌是无形的。据估计，可口可乐公司的市场价值超出其有形资产价值1000多亿美元，其中有700亿美元是来自品牌价值。

一个相对完善的品牌理念设计系统，基本包括：品牌宗旨、品牌使命、品牌价值观、品牌目标、品牌口号、品牌精神，这六个方面是紧密结合、互相支撑的。企业品牌标志物的设计，产品的包装设计等都体现出企业的品牌理念。北宋时期山东济南"刘家功夫针铺"的"白兔儿"铜版（图8-2），是目前发现的中国最早的商标。

一件产品可以被竞争对手模仿，但品牌是独一无二的。一件产品很快会过时落伍，而成功的品牌是持久不衰的。品牌是可以带来溢价、产生增值的一种无形资产，是消费者对企业形象、产品文化、服务等方面的情感认同。在市场上同类产品同质化、产品差异越来越小的情况下，包装设计对于塑造产品在消费者心中的形象、强调产品的个性特征起着至关重要的作用。包装的造型、材质、色彩以及设计风格可以满足消费者的审美

图8-2 "刘家功夫针铺"的商标与广告

❶ 托马斯·索维尔.经济学的思维方式 [M].吴建新，译.成都：四川人民出版社，2018：531.

心理需求，使产品与消费者之间建立起稳定的情感联系，突出品牌的档次和风格，使之在消费者心目中占有一席之地。中国的陶瓷制造业虽然有许多国内知名品牌，但在国际市场上品牌影响力十分薄弱，竞争力差。在当今全球化的时代，中国的陶瓷包装容器必须重视其设计水平、提高文化内涵，才能在严峻的国际竞争环境中树立起自己的品牌形象。

品牌建设是一项漫长的系统工程，在这个过程中，它所涉及的面是非常宽泛的。从企业角度来看，品牌建设包括名称、术语、标记、符号、图案或者是这些因素的组合建设；从消费者角度来看，品牌建设又具有六层含义的塑造，即属性、利益、价值、文化、个性、使用者。当构成品牌的诸多要素作为客体和其他信息一起传递给消费者时，就构成了消费者心目中品牌形象的具体方面。作为人们对品牌的总体感知，成功的品牌应该具有使购买者和使用者获得相关或独特的、最能满足他们需要的价值和附加值的品牌形象。因此，品牌形象在品牌的整体构架中占有十分重要的地位，它是品牌资产的核心成分。纵观那些国内、国际知名品牌，无不在品牌形象上下足功夫，强力塑造消费者心目中正面的品牌形象，以达到增强品牌竞争力，实现企业营销目标的目的。我国的很多陶瓷产品则缺乏具体的品牌形象，需要对这个方面重视强化。

品牌形象的概念虽然早已被提出，但它的内容却随着市场、媒体以及人们对形象的深入认识而不断变化。在众多的定义当中，最具有代表性的是品牌形象是品牌构成要素在人们心目中的综合反映，例如，品牌名称、产品属性、品牌标志等给人们留下的印象，以及人们对品牌的主观评价。

对品牌相关特性的联想分为"硬性"和"软性"两种属性，所谓"硬性"属性是对品牌有形的或功能性属性的认知，而"软性"属性则反映品牌的情感价值。在公司形象中，"硬性"属性包括国籍、规模、历史和市场份额等，"软性"属性包括顾客导向、员工形象、社会公益和环保等；在使用者形象中，"硬性"属性包括年龄、性别、职业、收入、教育程度等，"软性"属性包括个性特征、社会阶层、价值观、生活方式和爱好等；在产品或服务的自身形象中，"硬性"属性包括价格、性能、技术服务和产地等，"软性"属性包括颜色、款式、设计等。公司形象、使用者形象和产品或服务自身形象这三个了形象及它们中的"硬性"属性和"软性"属性对品牌形象的贡献依据不同的产品和品牌会有所不同。

例如，英国的骨瓷制造商"皇家道尔顿"，凭借其悠久的历史和在骨瓷生产界的地位，把自己的产品定位在皇家御用的高端形象上，多年以来，他们围绕这一市场定位，将产品典雅的设计与精湛的工艺巧妙结合，使生活的品质与完美的享受融为一体，不断向市场传达其非同一般的品牌形象和高贵典雅的个性，这不但为它带来了强大的市场竞争力，而且也使其产品价格居高不下，如其成套咖啡具的价格一般也要四五千元。

与国外陶瓷品牌对形象的塑造相比，我国的陶瓷包装容器设计在品牌建设上的差距是非常大的，总体上显得很贫乏。当前，我国陶瓷包装容器在品牌形象建设中主要存在以下三个方面的突出问题：

1. 企业文化的特色不鲜明

企业形象的市场影响力是通过其规模、历史、市场份额和文化来体现的，中国的陶瓷企业在这几个方面均有待发展。由于历史的原因，我国陶瓷企业的发展历史还很短，企业数量虽然很多，但企业规模普遍偏小，市场份额也不大。如此一来，企业形象的塑造在市场当中便缺少了硬性基础。中国具有深厚独特的陶瓷文化，但陶瓷企业却缺乏特色的企业文化，这也与企业的市场定位缺乏连贯性、变化太频繁相关。从企业文化建设的角度来看，市场定位的不稳定性也使企业文化难以稳定形成，特色更是无从谈起。除此之外，我国陶瓷企业在形象建设中，对社会公益和环保方面的宣传还有待强化，这些均是影响企业形象的因子。

2. 面对不同消费者群体缺乏差异化

没有差异化的消费者感受，品牌形象的市场个性便难以确立，消费者对品牌形象也难以形成有效联想，而这种联想对品牌形象和品牌资产的形成至关重要。我国陶瓷企业产品的市场形象没有明显的"消费者阶层化"，似乎所有的陶瓷品牌产品针对的都是所有消费者，陶瓷品牌形象难以从不同层次的消费者形象中折射出来，不能借助不同使用者的特有形象来衬托品牌的形象，结果给市场传递的是没有联想的共性空间，品牌形象也就难以有效建立。

3. 产品缺乏个性色彩和创新性

我国陶瓷产品的设计人才匮乏，同时创新力度不足。以景德镇为例，景德镇的制瓷人才储备在国内最为丰富，景德镇陶瓷大学2019届有3725名毕业生，但在当地近10万人的陶瓷从业者中，省级工艺美术大师只有38位，国家级工艺美术大师只有12位。可见整个产业中缺乏人才及产品创新的有力支持，陶瓷产品没有引领潮流的个性化创新产品设计，无法满足消费者的心理品位和审美情趣，更滞后于国际陶瓷市场不断变化的设计理念。缺乏个性的产品带给消费者的往往是品牌联想的空间不足，品牌形象和品牌资产难以形成。

中国是陶瓷生产大国，而不是一个陶瓷生产强国，从某种意义上来说，就是中国陶瓷在国际上缺乏知名的品牌。随着市场经济的深化，在原始竞争手段用尽、竞争对手都比较成熟之后，要提升我国陶瓷在国际市场中的地位，提高我国陶瓷企业的核心竞争力，由陶瓷大国向陶瓷强国转变，创立国内、国际知名的陶瓷品牌是关键。

陶瓷是一种很好的包装材料，陶瓷包装容器品牌化发展之路离不开对陶瓷的艺术设计。随着中国国力的增强，国际交流日益频繁，开始关注自身的文化特色成为趋势。复兴中国传统文化、振兴民族经济已经成为社会发展密不可分的两个方面。陶瓷产业的发展脱离不了传统的文化语境，只有将传统文化元素与包装容器设计紧密联系，将传统文化与现代陶瓷设计审美观念融入设计之中，才能增添陶瓷产业发展的活力。通过陶瓷包装容器设计使传统文化得到新的诠释，同时树立当代陶瓷品牌形象，提升产品的文化品位。

总之，陶瓷包装容器设计是文化艺术同现代科技的结合，能够反映出社会经济和科学技术的水平，同时展现了一个国家、一个地区的文化艺术特点。陶瓷包装容器设计的发展，是一个既保持传统又融合新机遇的不断发展的过程，我们必须真正了解自己的优势和不足，设计出具有中国特色又反映时代特征的陶瓷包装容器，为陶瓷文化注入新的精神和活力，从而推动我国陶瓷事业的发展。

第四节　出口贸易中的陶瓷包装容器设计

随着国际贸易渠道的扩大和顺畅，商品出口量快速增长。为了增强商品在国际的竞争优势，对出口商品包装设计的要求也越来越高。

一、出口陶瓷包装容器设计的注意事项

包装对消费者购买的引导、促销作用，主要是通过一系列的心理过程来实现的。首先是唤起注意，利用包装这一特殊的视觉语言，唤起消费者的注意，增强第一印象；其次是引起兴趣，陶瓷包装容器设计绝不能只考虑如何引人注意，更重要的是让人对被包装的商品本身产生兴趣；再次是启发欲望，欲望即消费者的需求，包装可启发消费者的购买欲望；最后是导致购买，这是陶瓷作为包装容器设计的最终目的。

由于各国国情不同及文化差异的存在，对商品的包装材料、结构、图案以及文字标识等的要求也不同。

在文字方面，出于语言习惯或是居民组成情况，对说明文字使用的语言和注释都有一些规定。例如，加拿大政府规定，进口商品包装上必须同时使用英、法两种文字；销往法国的产品的装箱单及商业发票须用法文，包装标志说明不以法文书写的应附法文译注；销往阿拉伯地区的食品、饮料，必须用阿拉伯文字说明；销往巴西的食品，要附葡萄牙文译文，等等。

用陶瓷作为出口产品的包装时，设计包括产品本身的装饰设计和包装装潢设计，这两部分的设计又包括色彩的选用和图案的选用，具有某种意识形态属性。往往由于民族、宗教信仰、文化素养、风俗习惯、政治或自

然环境等因素，使得不同国家与地区的人们对色彩和图案有各自的喜爱与禁忌，并已形成客观上必须遵循的标准。

一些国家在数字上的禁忌也是包装设计所要注意的问题。如日本忌讳"4"和"9"这两个数字，因此，出口日本的产品，不能以"4"为包装单位，也不能以4个为一套或一箱进行包装；而欧美人则忌讳"13"。

不同的民族，由于风俗习惯、宗教信仰的不同，对色彩会有不同的禁忌。例如：美国人喜欢鲜明的色彩，美国人对红、蓝、白三色并用很有好感，因为这是美国国旗的配色；巴西人以紫色为代表悲伤的色彩，暗茶色为不祥之兆；法国人视鲜艳色彩为高贵；瑞士以黑色为丧服色，而喜欢红、灰、蓝和绿色；荷兰人视橙色为活泼色彩；丹麦人视红、白、蓝色为吉祥色；意大利人视紫色为消极色彩，服装、化妆品以及高级的包装喜好用浅淡色彩，食品和玩具喜好用鲜明色彩；埃及人喜欢绿色；印度人喜欢红色；奥地利、土耳其人喜欢绿色；法国、比利时、保加利亚人不喜欢绿色；蒙古人不喜欢黑色；日本人崇尚自然色彩，偏好素淡、中性的色调，受传统习惯的影响，仍然喜欢红、白对照色等比较明朗的色彩，但不喜欢黑色和黄色组合；东南亚各国老一代的消费者仍然对东方色彩的原色比较偏爱，一般不喜欢黑白相间的包装，认为其表示悲哀和不吉祥。

有些国家如美国、古巴、加拿大和芬兰，虽然对色彩没有特殊好恶，但却十分讲究。美国通常用颜色表示月份；英国把九种颜色分别用在各种团体的盾形徽章上；泰国遵循古代习俗的人们是依据每周的星期几更换衣服的颜色；欧洲用颜色表示星辰和星期的习惯在古代就已流传；许多国家还用颜色来表示方向。

而在图案方面，法国人视马为勇敢的象征，忌核桃，忌用黑桃图案，商标上忌用菊花，视孔雀为恶鸟，忌讳仙鹤、乌龟；英国商标上忌用人作为商品包装图案，忌用大象、山羊图案，却喜好白猫，英国也视孔雀为恶鸟，而视马为勇敢的象征；在德国出品的商品和包装上，禁用类似纳粹和纳粹军团的符号作标记；瑞士人忌讳猫头鹰；欧洲人中除比利时人视猫为不祥之物外，大多国家的人喜欢猫；巴西禁用紫色作商品图案，因为紫色一般用于葬礼；利比亚对进口商品包装禁止使用猪和女性人体图案。

另外，要避免使用国际通用标识类符号或地方义化符号作为商标，也要注意一些特殊符号的意义。例如，国际上都把三角形作为警告标记，捷克人认为红三角形是有毒的标记，土耳其则把绿三角形视为免费样品。

造型、色彩和图案能够起到吸引购买者注意、刺激购买欲望的作用，它能唤起消费者的回忆。因此，在研究出口陶瓷包装容器产品的装饰设计时，应在色彩、构图、式样、结构上注意各国的消费习惯，全方位、多层次、多角度来观察和理解事物，并能够利用人们的心理反应来体现作品的特殊魅力，以提高产品在国际市场上的竞争力。

二、出口目的地的文化追踪

文化差异是影响品牌国际化成败的关键因素，而陶瓷的文化适应性是其出口贸易成功的关键因素。适应出口目的地文化才能获得更好的销量。

近年来，出口陶瓷产品的文化适应性没有得到根本改善，所以高附加值产品的出口仍然呈每况愈下的趋势。陶瓷产品设计和销售方面的文化不适应、小打小闹式的来单做单、无品牌式的代工生产销售是目前陶瓷出口企业的痛点问题。

陶瓷产业缺乏强势品牌，并且大部分陶瓷企业是家庭作坊式企业，无品牌或仿别人的品牌，导致的直接恶果就是产品档次低、附加值不高，企业靠退税等出口优惠政策生存，这也是近年来陶瓷出口频繁遇到反倾销事件的一个重要原因。

要从根本上解决陶瓷产品文化适应性不强、艺术瓷和生活用瓷销量下降的窘境，需要有针对性地对陶瓷出口目的地进行文化追踪，让出口企业走以文化建品牌、以文化促品牌的发展道路。文化追踪的价值主要体现在以下三个方面：

（1）进行文化追踪能给陶瓷出口和陶瓷文化创新提供指南。陶瓷出口产品的设计和生产绝不能盲目地进行，必须要根据目的地的文化禁忌、文化偏好等有针对性地进行。进行文化追踪，其一是帮助出口企业对已有的产品展开文化适应性评估，避免盲目生产带来的浪费。比如说，蝙蝠是中国传统吉祥图案，因为"蝠"在中国文化中与"福"同音，代表幸福，而在西方文化中，蝙蝠有妓女、两面派等文化寓意，不宜在产品中体现。其二是指引陶瓷企业的文化再创新和文化销售策略。以中国精湛的陶瓷工艺承载目的地的文化，再把当地受欢迎的文化融入销售策略之中，走文化生产、文化销售的道路本身就是一种创新。而且中华传统文化元素与当地流行文化元素的双剑合璧能带来创作的灵感。追踪机制的建立可以让我们做到古为今用、洋为我用，全面激起陶瓷创作者的智慧火花。

（2）进行文化追踪可以提高出口陶瓷产品的文化附加值，只有文化之间相融相亲，才能提升产品的品位和受欢迎程度。例如，肯德基在中国经常推出"全家桶"这类适合多人共享的套餐，就是利用深入中国人骨子里的"家文化"及"幸福的家"的感觉，对其产品和服务进行包装升级，为它赢得了大量的家庭顾客，特别是儿童顾客。同样道理，陶瓷产品的价值也要靠文化来提升。建立陶瓷出口目的地文化追踪可以让产品借力当地文化，为当地人所喜爱，同时更好地满足他们的文化生活需求；也可以把我国传统文化中与当地文化不冲突的精华部分设计运用在陶瓷产品中，以文化新鲜感和文化稀缺性吸引消费者，提升产品价值；还可以借鉴、吸收当地受欢迎的文化符号，将其融入中华优秀传统文化中，并进一步对出口陶瓷产品进行创新设计，从而提高出口陶瓷产品的文化附加值。

（3）进行文化追踪能够拓宽国内陶瓷产品的创作题材和产品种类。长期以来，国内的陶瓷创作题材都集中在传统纹路和设计风格上，构图单一，画面千篇一律。在建立陶瓷出口目的地文化追踪的过程中，可以更好地了解国外文化、国外的设计风格和理念，吸收更多的素材和经验，从而拓展国内陶瓷创作的题材。

因此，陶瓷包装容器设计不是困于一隅的狭隘审美，在如今全球文化交流日益频繁、多元文化快速冲击的现状下，追踪出口目的地文化，不但有利于出口贸易，也有利于自身产业的深度发展。

第九章

对陶瓷包装容器设计发展趋势的思考

中国作为世界陶瓷生产和出口的第一大国，只有实时了解产业现状，不断加强自我创新，加大新技术的运用和产品的研发，汲取来自各方面的先进技术装备和设计理念，才能让陶瓷产业和陶瓷文化产业获得长足稳定的发展。

第一节　中国陶瓷产业及其输出

中国作为陶瓷生产古国和生产大国，具有悠久的对外输出历史，在新的国内外经济环境中，我国陶瓷产业进入了一个新的时期。

一、中国陶瓷产业分类及其所处环境

（一）中国陶瓷产业定义与分类

陶瓷产业的定义可以分为狭义的和广义的，一般来说所有从事陶瓷制品生产和制造的企业的集合可以被称为狭义的陶瓷产业；而在狭义的陶瓷产业基础上，再加上陶瓷产业链上其他各个环节的相关配套支持企业，可以被称为广义的陶瓷产业。

关于陶瓷产业的分类，我国《国民经济行业分类》（GB/T 4754—2017）对其进行了划分，其中，陶瓷制品制造业（307）细分为七个行业，分别是建筑陶瓷制品制造（3071）、卫生陶瓷制品制造（3072）、特种陶瓷制品制造（3073）、日用陶瓷制品制造（3074）、陈设艺术陶瓷制造（3075）、园艺陶瓷制造（3076）和其他陶瓷制品制造（3079）。

（二）中国陶瓷产业所处国际环境

联合国2020年1月16日发布了《2020年世界经济形势与展望》报

告。报告指出，由于贸易局势以及投资的大幅缩减，全球经济增速在2019年降至2.3%，为10年来的最低水平。2020年全球经济增长率可能达到2.5%，但在贸易局势紧张、金融动荡或地缘政治紧张局势升级的影响下，全球经济的复苏进程可能脱轨。在经济下行的情况下，全球经济增速或将放缓至1.8%。全球经济近几年内难有很大提升，全球贸易壁垒、产能过剩等问题也导致经济增长压力过大。自2012年起，世界经济增长与贸易量同幅度增长。在此背景下，对中国陶瓷产业也有着较大影响。

据中商产业研究院数据库显示，2014～2019年中国陶瓷产品出口量整体有小幅度下降，2019年1～12月中国陶瓷产品出口量为2122万吨，同比下降6.1%。

因为技术和贸易壁垒，导致中国陶瓷产品出口往往面临着非关税壁垒问题。同时，我国瓷业较少获得世界中高档卫生陶瓷市场的产品认证，所以大部分企业都被排除在中高端市场之外。我国陶瓷产品即使在中低端市场也存在许多国际贸易摩擦，各种名目的贸易调查络绎不绝，常常遭遇贸易调查和制裁。

在国际经济政治形势变化的背景下，随着全球经济发展重心的转移，中国在此过程中的地位越来越突出。中国作为全球经济变革的主力军，将会不断影响世界格局。中国等发展中国家的工业化、城镇化处于稳步提升状态，这为陶瓷市场的发展带来了很大的机遇。

中国中东部地区，传统制造业产能过剩压力较大，2015年推出的"一带一路"倡议，缓解了传统区域的经济压力。中国在此基础上，注重科技创新，建立海外研发中心，大力支持对外发展，积极鼓励陶瓷企业转型升级。

（三）中国陶瓷产业所处国内经济环境

中国经济新常态的主要特征是结构性减速，GDP由高速增长转向中高速增长。2020年1月8日，中国科学院预测科学研究中心发布了

《2020年中国经济预测》，预计2020年我国GDP增速为6.1%左右，增速递减的趋势比较明显。由此结果可知，中国经济稳中求进的发展进度，利于经济增长新动力的凝聚。随着发展中国家经济地位的日益提高，中国成为全球经济增长的主力军。

从供给侧来看，当前我国劳动与资本的边际回报率下降、创新贡献不足，经济增长的要素层面决定了我国经济难以保持高速增长，使得陶瓷产业总体增值下降；我国陶瓷产品过剩产能处置难度较高；投入结构问题较大，一般性生产要素投入较高，高级要素投入较低，科技创新能力不足，使得中低端产品较多，陶瓷产业转型面临种种困难；排放结构构成十分不合理，废水、废气、废渣的大量排放使环境压力较大；动力结构问题表现在过度依赖投资拉动产业增长，企业新增长点重视力度不高。

从需求侧来看，目前中国经济增长呈稳中求进趋势，经济增长的主要动力来自消费，消费升级推动经济发展的过程变得越来越重要。随着国内消费需求的增加，为了推动我国经济的发展，政府需要重视民生和社会保障问题，消费的转型升级迫在眉睫，需要从改善民生入手，利用科技创新形成新的经济增长点。

中国现代化建设离不开工业化、城镇化的发展，未来也将不断加强城市之间的互联互通，例如将加强城市地下管廊、海绵城市等城市地下设施建设力度。随着城市公共设施建设的完善以及第三产业的强势发展，都将为中国陶瓷产业提供新的发展机遇。

新科技的代入及新时代的来临，诞生着新的需求，不管是互联网还是人工智能，都将为陶瓷产业带来新的发展机遇。但是这需要陶瓷企业改变观念，跟上时代，才能真正地与新时代融合。

二、中国陶瓷产业的对外输出

（一）古代中国陶瓷产业的传播之路

考古发现表明，海外遗址出土的中国晚唐、五代时期的瓷器以长沙窑瓷器最为常见，数量也最多，其次是浙江的越窑瓷器，北方的白釉瓷、白釉绿彩瓷，还有广东各地窑口的产品等，它们分布于东亚、东南亚、南亚、西亚、中东和北非等世界各地。

早在18世纪以前中国瓷器就已经成为全世界认可的名牌，从宋代到明末一直畅销海外市场，在当时掀起了一股瓷器热潮。

宋代对外贸易的中心城市是福建泉州，中国的瓷器从这里开始往海外运输，途经马六甲海峡，最终到达印度尼西亚。印度尼西亚以其便利的地理位置优势，成为中国瓷器销往阿拉伯帝国的中转站。

宋元时期的沉船，目前主要发现于我国福建沿海和南海海域以及一些东南亚国家的海域，其中福建沿海水下文物点最多，南海海域沉船的出水遗物最为丰富。沉船的年代以南宋至元代为主，北宋时期的沉船较少。

通过对东南亚国家发现的沉船资料的分析，可以得知中国瓷器在海外贸易活动的痕迹，主要分布在越南海岸、泰国湾、马六甲海峡、印度尼西亚以及菲律宾海域。

在宋代，中国的瓷器已经销往了整个亚洲，但是它的影响力还到不了更远的欧洲。欧洲人对瓷器的了解要晚于中东和巴尔干人，虽然马可·波罗将瓷器介绍到了欧洲，但是很多欧洲人对他描述的这种神奇的东方瓷器还是将信将疑。毕竟大部分国家的人没有见过，而眼见才为实。一些商人将中国瓷器经过巴尔干等地区运往欧洲各地，其中有一件元代的青瓷瓶途经匈牙利、意大利、法国和英国，最后来到了欧洲最西边的爱尔兰，这是有档案记载的最早到达西欧的瓷器。正是因为这件瓷器，让很多欧洲人相信马可·波罗所言非虚。但是当时，瓷器在欧洲属于罕见的珍品。

当时地中海和中东地区已经被奥斯曼土耳其帝国控制，欧洲人只能绕道而行。葡萄牙人绕过好望角，先来到印度，然后在16世纪初来到中国。葡萄牙的桑托斯宫瓷厅是世界有名的陶瓷文化建筑，瓷厅穹顶上错落有致地镶嵌着272件中国瓷盘（图9-1）。

在中国的海港城市泉州，西班牙船队用墨西哥产的白银高价换取中国的瓷器，然后再以大约六倍的价格卖给欧洲人。葡萄牙人和西班牙人结束了奥斯曼土耳其帝国对东方贸易的垄断。在16世纪，世界的贸易中心转移到了欧洲的伊比利亚半岛。西班牙的银币比索也取代了奥斯曼土耳其帝国的银币，成为世界贸易市场的硬通

图9-1 葡萄牙桑托斯宫瓷厅的瓷器穹顶

货。但是，1579年，荷兰很快成为大航海时代的主宰。1602年，荷兰与葡萄牙爆发了争夺海权的战争。第二年，荷兰（东印度公司）战舰在新加坡附近截获了葡萄牙的商船，并且以走私为名没收了船上的货物，包括大量的中国瓷器。荷兰人把这些瓷器拿到阿姆斯特丹和密德堡去拍卖，通过这次拍卖，西欧和北欧的王室开始对中国瓷器产生了兴趣。

荷兰其后夺取了葡萄牙在印度洋的很多航道的主导权，并且开始在欧亚贸易中崭露头角。荷兰人在世界上建立了几十座贸易站，其中围绕中国的就有三座。荷兰人在中国定制了专门销往欧洲的青花瓷器——克拉克瓷器。由于产量很大，现在这种瓷器在世界各地，甚至非洲的博物馆、古玩店和一些人家中都能找到。

荷兰东印度公司从这些瓷器中可以获得三倍的利润，因此，他们每年从中国大量订购瓷器，欧洲人的档案工作做得非常好，他们当年的很多订单现在仍能找到。如在1614年，荷兰的一艘商船戈尔德兰号一次就向中国订购了大约7万件瓷器，总价约合今天的100多万美元。

400年前，瓷器是欧洲了解中国的窗口，瓷器受到了欧洲人的热爱和追捧。17～18世纪的欧洲，中国瓷器已经不仅仅是一件精致的商品，更是一种文化的传播媒介，成为一种文明的象征。

（二）近现代中国陶瓷产业对外输出

改革开放以后，中国陶瓷产业进入了一个新的发展时期。1979年，全国陶瓷出口额突破1亿美元，相比1952年的100多万美元增长了100倍。但当时中国的日用陶瓷只能出口到亚洲、拉丁美洲等国家，质次且价低，平均每件产品仅换汇0.13美元，与日本和西欧的制瓷强国相差几倍甚至十几倍。

进入21世纪后，由于中国陶瓷业的快速发展、行业整体水平的提高、企业实力的增强和国际市场需求旺盛等多方面因素的影响，中国陶瓷的进出口贸易呈现出了崭新的面貌。

我国日用陶瓷包装容器出口的主要产品类型包括：陶瓷餐具、酒具、茶具、咖啡具等。随着我国日用陶瓷产业的快速恢复和发展，按照陶瓷产地历史文化积淀和原材料的特点，结合不同的制作工艺，我国形成了具有地域特色的日用陶瓷产品结构体系。主要产品有：紫砂陶器、精陶、炻瓷、强化瓷、骨质瓷等，生产及出口量最大的是炻瓷、强化瓷、骨质瓷。除上述主打产品外，近年来开发生产了耐热瓷、保健瓷、中温抗菌陶瓷、低温瓷、自洁陶瓷、自释釉瓷、微晶釉瓷、发光釉瓷、玩具瓷等。日用陶瓷一直是中国陶瓷出口的主要品种，在几十年的外贸出口中，为国家赚取了大量的外汇。

第二节　陶瓷包装容器设计的发展趋势

陶瓷文化是中国古文明的象征，古人运用其自身的聪明与才智，创造和发明了许多制陶制瓷技艺，特别表现在内在胎质与外在装饰浑然一体所呈现出来的风韵上。这种风韵不仅具有赏心悦目而又陶冶情操的浓郁的东方格调魅力，更重要的是它凝聚了中华民族的审美观，体现着中华民族的文化内涵与历史面貌。

一、民族风格的展现

设计的民族风格是一个民族独特的艺术特色，这种特色往往表现于艺术手法在作品的运用上，形成了艺术表现上的某种规范和审美倾向。民族风格是一个历史范畴，它在创造过程中不断地变化和发展，具有强大的生命力，为人民所喜闻乐见，并被后代继承和借鉴，成为民族文化优秀传统的组成部分。具有民族风格的包装不仅符合本土消费者的文化习惯，适应消费者的心理需求，在国际市场的消费者心理上也占有优势。绝大多数的外国消费者，在采购和使用商品的同时可以更好地了解东方古国，因此具有民族风格的包装设计对于商品在消费者心理上的识别与需求的情感定位是占绝对优势的。在商品海洋里，各国的商品包装都在追求差别，标新立异，都要在形式和美感上胜过竞争对手。只有充分发挥我们中华民族特有的民族传统和风格的优势，以此建立陶瓷包装容器设计的民族个性，使我们的包装设计富有强烈的民族形式美感，才能在商品竞争中独树一帜。

二、人性化的追求

陶瓷包装容器设计不但要考虑其艺术因素，还要注意到陶瓷包装容器的"人性化"设计。一个好的包装作品，应该以"人"为本，只有站在消费者的角度去考虑，才会增加消费者的购买欲，拉近商品与消费者之间的关系，促进消费者与企业之间的沟通。陶瓷作为包装容器时，存在着易碎和不便搬运的缺点。所以在开始设计之前，首先要想到包装的结构与材料，注意陶瓷包装容器的强度与刚度，从而保证商品在流通过程中的安全。

此外，为陶瓷包装容器做设计还要考虑的因素是器形，陶瓷形象多变，造型语言丰富，在设计形态时要注意所要包装的商品的性质。陶瓷包装容器设计的造型也要符合商品的性质，符合功能的需求。同时，包装不是孤立存在的，必定要存在于特定的购物与使用环境之中，设计时需要考虑陶瓷包装容器设计与环境因素之间的关系。陶瓷包装与购物环境在文化品位上是否一致，形状和色彩的运用与购物环境是否和谐等，均是陶瓷包装容器设计的一个出发点。另外，还要考虑包装产品在各个欣赏角度下容器的视觉效果，陶瓷包装容器上的装饰和重要信息应在人的视力活动范围所能触及的位置等。

在个性张扬的现代社会，坚持个性既是现代人审美的精神需求，也是社会进步的表现之一。陶瓷包装容器设计要体现时代的个性，也要给人带来一种精神上的享受。

全球经济一体化的趋势必然要带来产品的同质化，产品要想在市场营销中取得成功，单纯依靠产品自身的优势是不够的，包装的重要性日益凸显出来。设计精美、艺术欣赏价值高的包装能给人以美的享受，并有助于商品从大量同类产品中脱颖而出，赢得消费者的青睐。设计师为陶瓷包装容器作设计时还要注意设计本身与人相关功能的最优化，要符合使用者生理与心理的需求，符合实用与个性化的要求，做到使用方便、大小适合、触觉舒适。

此外，还应根据不同的环境及每个人的不同需求，合理地利用陶瓷本身的文化底蕴在包装设计中的装饰效能。一方面，要通过高度的概括和提炼，使艺术灵感与理性的构想有机地组合并巧妙应用，使陶瓷产品以新的形式呈现在具有现代意识的氛围中。另一方面，利用陶瓷作包装容器的设计，应打破传统包装中过于陈旧的形态，力求创造变化多样而别具一格的视觉效果，有效地拉近包装特效与人的距离，以丰富多彩的装饰，生动地营造出优美的现代包装气氛，从而在现代包装中增添温馨和融洽的元素。

三、文化的表现

文化是人类在发展过程中创造的一种精神财富，是人类生活和工作方方面面的体现。中华民族拥有几千年的陶瓷文化底蕴，融合了整个民族的勤劳、智慧和博大精深。陶瓷艺术的历史，贯穿了整个人类文明的发展史，是人类文明的结晶，中国的陶瓷艺术是历代陶瓷从业者审美理想的物化，是民族精神的物化。这里说的"文化"并不意味着老的传统，而是把民族性、时代性、国际性高度地浓缩，高度地提炼，高度地概括，将精华体现出来。

陶瓷包装容器设计可以结合本国的历史文化背景去寻求不同的民族文化风格，从各地的风俗民情、文化艺术、历史典故、社会现象等诸多方面追寻艺术灵感的撞击。然后运用各种手段将已确立的主题完美地表现出来，使众多的因素有机地结合并与现代包装环境的整体气氛融合，从而给包装装饰增添了文化气息，突出了时代精神和文化内涵。陶瓷文化的造型、装饰艺术、审美特征等均是具有悠久文化历史的民族创造性的表现，对其传统符号的研究，有利于我们发掘、开发其传统文化的价值。❶

传统文化，是人们生产劳动时经验的积累，是人们精神生活的体现。在现代包装设计中，必须考虑人们的审美特点，有意识地从传统审美意味中吸取其精粹，合理地应用于设计思维之中，这样才能设计出具有浓郁民族情调的、意境深邃的包装产品。

四、时代审美特征的体现

任何一种艺术，都必须反映时代特征，包装设计也是如此。它作为一种综合性的实用美术，应当是时代精神的一面镜子。时代在前进，人们的审美观念也在变化。陶瓷包装容器设计除了满足其使用功能外，必须符合现代的审美需求，才能使陶瓷包装产品立足于国际市场，跟上时代潮流。现代包装设计，要求简洁、明了、突出、易记、独树一帜，用

---

❶ 闫如山.陶艺·城市·文化：以景德镇为例 [J].文艺争鸣，2010（24）：96.

概括、抽象的表现手法，以别具一格的包装画面和生动活泼的图案，达到吸引消费者的目的。在包装设计中讲究民族风格，并不意味着闭门造车，为了实现民族精神的现代化表现，还必须借鉴现代艺术的优势、西方艺术的精华。对于西方国家艺术，我们应遵循"洋为中用"的原则，吸收外国艺术中的精华部分来丰富自己的艺术语言。

当今陶瓷包装设计行业不乏对时尚的认识，它把现代社会的流行时尚元素融合到陶瓷包装容器的设计艺术中，使其更符合当今社会的大众审美，更能迎合现代年轻人的品位。近年来，陶瓷以其悠远而富有神韵的文化气息和独特的视觉表现语言越来越为包装设计师所重视。由此可见，设计师应继续挖掘、领悟陶瓷这种传统艺术的精髓，并将它运用到现代包装设计中，把传统的陶瓷文化与现代审美意识相融合，使之焕发出新的活力，既保留其传统特色，又适合现代人的审美需求。

第三节　陶瓷包装容器设计创意文化产业的发展

陶瓷文化是悠长而深远的民族特色历史文化遗产资源，具有鲜明的文化特性，是不可替代的。陶瓷包装容器设计创意文化产业，作为陶瓷产业发展的软实力，在延续传承陶瓷文脉的同时，创新创意又为陶瓷包装容器设计带来源源不断的生命力。

一、陶瓷与包装设计创意

（一）陶瓷创意设计

陶瓷创意设计主要是以陶瓷为载体的创意研究，而就陶瓷研究本身而言，又可以把其分为陶瓷艺术和陶瓷设计。陶瓷设计注重产品的实际功能，其产品有两大类，即实用品和陈设品；而陶瓷艺术创作的作品虽有不同取向，但本质上是非实用品，两者之间在生产制作方式、功能效用等方面相差甚远；但是在材料工艺的同源性、与人类社会的相关性以及形态之间的相互转换可能性，特别是设计和创作上，两者可以互为启示，相互转换。

陶瓷设计与艺术创作的另一区别在于创意设计是通过市场需求实现的，而艺术创作则更多的是体现人的精神追求，由此可见，创意设计更接近于物质化的体现，艺术创作更接近精神的追求和精神的自我实现。

好的创意可以满足人们的物质需求，同时也具备艺术的特点，是通向艺术的重要途径。陶瓷创意设计的特征，涉及社会、文化、经济、艺术、科技等方面，主要包含了文化特征、艺术特征、美学特征、手工艺特征和时代特征。陶瓷作为人类造物的载体，与设计的体系结合，在文化与时代的背景下不断形成突破与发展，如图9-2所示为一些具有创意的陶瓷包装容器设计。

酒包装容器设计

茶包装容器设计1

茶包装容器设计2

图9-2　陶瓷包装容器设计欣赏

（二）包装设计创意

包装设计从某种意义上来说是品牌理念的体现。要通过设计使受众下意识地贯彻品牌理念，自然地接纳品牌理念，抛开表面的造型行为、僵化的技术限制，透过"市场是一切"的迷雾，抓住"生活需要"这个丰富、生动的源泉，使"看不见的手"显形，并从引导消费到创造市场，使企业不仅是制造商品的企业，更是创造优质新生活的企业。包装设计是一种新模式的创立与营造活动，也是一种流行模式的创立与反映过程的方法。流行模式不仅体现了设计师对社会时尚的敏锐嗅觉和自身的个性，还是设计师有逻辑性地从商业实战角度去考虑问题，系统地、有方法地满足消费者诉求的方法，从心理上"神秘地"引导消费者效仿趋同的心态，从而达到设计的目的——向客户传达设计理念和推销商品，创造更高的利润，建立起一种消费模式、一种精神，甚至是一种意识形态。包装设计师应将理性与感性结合，通过严密的计划确立设计的形式与体系，避免设计的盲目性，找到设计的源泉与灵感，使设计成为实现目的、传达理念、解决问题的有效方法。

二、陶瓷文化产业

（一）陶瓷文化产业构成

改革开放以来，陶瓷文化产业无论在产量上、质量上，还是工艺上、市场上都得到了跨越式的发展。

随着经济全球化的发展，中国作为世界主要陶瓷生产和出口大国，不断优化陶瓷产业结构，提高陶瓷产品竞争力，进一步扩大对外开放，有效地促进了我国陶瓷产业持续、健康、快速的发展，构建了以日用陶瓷、电瓷电器、高技术陶瓷、包装陶瓷与创意陶瓷五大类别为主的陶瓷产品结构，建成了集原料采购、研发设计、生产加工、产品检测、销售物流、展示展览、电子商务、人才培养于一体的陶瓷全文化产业链，正在向着品牌化、国际化、个性化、高端化迈进。

总的来看，特别是在新技术的运用和新产品的研发中，中国陶瓷文化产业在充分挖掘优秀传统文化内涵的同时，不断自我突破、自我创新，不断学习来自世界各地的先进技术装备、设计理念和思想观念，取得了位居世界前列的优秀成绩。

1. 生活型的陶瓷文化产业

（1）日用陶瓷经济体：日用陶瓷是人们日常触摸最多、最熟悉的陶瓷，如我们日常使用的咖啡具、茶具、餐具、酒具等。不同民族、不同语言、不同风俗的消费者之所以青睐它，是因为它具有导热慢、吸水率很低、化学性质稳定、经久耐用、彩绘装饰丰富多彩、易于洗涤和洁净等优点。

日用陶瓷经济体就是人们日常生活幻化出来的各种精美古朴的陶器产品和商品的总和，如汉代的墓砖，唐代的瓦当、鸱吻，宋、元时期的青花瓷，清代的紫陶，如今仍在生活中流行的建水紫陶、傣族陶罐等就是这一形式的传承。

（2）生活陶艺经济体：指处在一个特定地域、生活属性领域内相关的陶瓷企业或机构，在陶瓷文化产业的发展过程中常常会因相互之间的共性和互补性等特征而紧密联系在一起，形成一组在地理上集中的相互支撑、相互联系的生活陶艺产业群的现象。生活陶艺体现了自然性和亲和性，体现了民族特色。

（3）日用陶瓷与生活陶艺的区别：日用陶瓷是人们日常生活中必不可少的用品。从粗犷简陋到细腻精美的陶瓷，在远古时代就进入了人类的生活，与人类进步始终息息相关。正是在这种联系中，日用陶瓷随之孕育而生。生活陶艺是人们生活压力加大、渴望精神上的慰藉和满足心理需求的一种产品。

一般来讲，日用陶瓷基本成型的主要方法有旋压成型、注浆成型、干压成型、静压成型、滚压成型等；而生活陶艺为了追求个性化与艺术化，成型方式不仅是日用陶瓷那几种，它还可以使用拉坯、盘柱、印坯、泥片等成型方法。在现实生活中，生活陶艺以其朴实、自然、含蓄等特有的性质贴近人们的生活，成为一种重要的艺术载体。于是，生活陶艺作为艺术的一种表现形式，可以直接与人们对话，可以直接进入人的生活空间。

就日用陶瓷与生活陶艺的区别而言，从成型上来说，日用陶瓷与生活陶艺的大体成型方法没有太多的不同。从产业属性来看，日用陶瓷与生活陶艺的产业诞生、产业聚集、产业发展、产业变化都处在同一条产业链上，彼此之间是一种既竞争又合作的关系，使得信息、技术、人才、政策以及相关产业要素等资源得到充分共享，呈现出横向扩展或纵向延伸的专业化分工格局，从而产生最佳经济效益。

2. 商品型的陶瓷文化产业

"丝绸之路"的打通，逐步促进了中外文化间的交流，中国陶瓷从8世纪末开始向外输出，并且经过晚唐五代到宋初，基础得以奠定，达到了一个新的高潮。从宋元到明初，中国陶瓷输出的品种主要是景德镇的青花瓷、青白瓷、釉里红瓷、釉下黑彩瓷，福建、两广一些窑所产的青瓷、建窑黑瓷，江西赣州窑瓷、吉州窑瓷，河北磁州窑瓷、定窑瓷，浙江龙泉青瓷、金华铁店窑仿钧釉瓷，陕西耀州窑瓷等，输出的国家和地区较前代大为增加。中国瓷器外销黄金时期的出现奠定了商品型陶瓷文化产业的基础。中国陶瓷产品在17～18世纪，通过海路行销全世界，成为世界性的商品，对人类历史的发展起到了积极的推动作用。明代中晚期至清初的200余年，更是中国陶瓷外销的黄金期。

3. 文化型的陶瓷文化产业

文化产业作为一种特殊的文化形态和经济形态，是以生产提供精神产品为主要活动，以满足人民的文化需求为目标，是指文化意义本身的创作与销售，狭义上包括文学创作、音乐创作、摄影、舞蹈、工业设计与建筑设计等。因此，文化产业不仅仅是文学与艺术、知识与创作。事实上，我们生活的点点滴滴都可以是文化产业的遗留物或衍生物。陶瓷，正是一种历史悠久的文化产业，是中国优秀传统文化的重要组成部分，是东方的文化艺术和工艺水平的代表之一。

陶器出现后，我们的祖先发明了碗、盆、釜、瓶、瓯、壶、缶、瓮等生活用包装陶器，历经原始的烧制方法，最终出现了瓷器，其制作方法、工艺水平不断提高，器物器形日益丰富，这就是文化型陶瓷，这些文化型陶瓷为中国成为"瓷国"奠定了坚实的基础。

在艺术方面，最有代表性的就是陶瓷雕塑。其中的陶俑，从祭祀用品到殉葬明器，充斥着对原始祖先与神灵的崇拜，自诞生起就具有浓厚的信仰象征。宗教信仰与意识崇拜促进了陶瓷雕塑艺术的发展。中国陶瓷雕塑随着意识形态的不断变化发展与儒、释、道及各种民间信仰结下不解之缘，使之成为传统文化元素的明显符号之一，也将无生命的陶瓷与令人敬畏的历史人物和宗教代表完美结合。在中国，大量孔庙、佛寺、道观、祠堂以及各类神祇建筑中的塑像，成为人们信仰崇拜和追忆祖先的物化偶像，包括圣贤、神仙、英烈和各类神灵等，陶瓷成为连接人们精神与物质的纽带。

中国陶瓷融入了大量优秀的传统文化元素，在经历了漫长的历史过程后，成为集语言、文学、艺术、历史于一身的文化产品，成为中华优秀传统文化的重要组成部分，是中华民族重要的历史记忆和民族符号。中国传统文化博大精深，陶瓷作为其中的一部分，无论是外形还是内涵，都具有一定的代表性。

（二）我国陶瓷文化产业的作用

改革开放以来，中国作为世界陶瓷生产和出口的第一大国，不断提高自我创新能力，加大新技术的运用和新产品的研发，吸取来自欧洲陶瓷强国的先进技术装备和设计理念，取得了不错的成绩，为经济社会的发展和世界陶瓷文化产业的发展做出了巨大贡献。

1. 陶瓷文化产业推动了文化旅游的发展

所谓旅游陶瓷商品，就是供给旅游者选购的陶瓷。随着我国旅游事业的发展，具有纪念性、礼品性、实用性、珍藏性的旅游陶瓷应运而生，并得到迅速发展。如今的中国旅游市场上，旅游陶瓷品种繁多，琳琅满目。那些绘有黄山、庐山、桂林山水、西湖等风光奇景的挂盘、花瓶、茶杯、文具、雕塑等旅游陶瓷，不仅给人以身临其境的感觉，又可唤起旅游者的游兴，颇受旅游者欢迎。

瓷都景德镇围绕着"陶"味搞旅游，新颖别致，颇有特色，陶瓷博览区有一家古窑瓷厂，其建筑、制瓷工场、画室、窑房等，都是按照古代的模样设计建造的，在这里，手工操作既是生产活动，又具有即兴表演的性质，受到中外旅游者的青睐。到景德镇旅游，仿佛置身于古老的瓷都，别有一番情趣。

2. 陶瓷文化产业增强了民族精神的凝聚力

爱国主义教育实践活动是凝聚民族精神，提高广大人民群众文化素养，教育青少年一代做有理想、有道德、有文化、有纪律的"四有"新人的基础性工程，是遵照党中央关于进行"两史一情"教育和贯彻中宣部、教育部《关于充分运用文物进行爱国主义和革命传统教育的通知》的精神，以及2017年1月25日由中共中央办公厅、国务院办公厅印发的《关于实施中华优秀传统文化传承发展工程的意见》的精神而创立的又一个社会化教育阵地。

陶瓷文化作为中华民族的优秀传统文化，映射着中国传统文化艺术与民族精神，承载着厚重的中华优秀传统文化，在中华民族发展史上发挥着积极而深远的影响，是爱国主义教育的重要内容之一。因此，研究陶瓷文化在爱国主义教育实践中的应用，对促进爱国主义教育的发展具有十分重要的意义。

陶瓷历史悠久、艺术丰富，在积极传播中华民族文化的基础上，要结合陶瓷生产地的实际，重视对本地代表性陶瓷文物的宣传，使青少年学生通过实地参观、学习等形式的教育活动，增强民族自信心和自豪感。

3. 陶瓷文化产业强化了城市发展的营销力

在现代社会，城市营销是一个系统工程，包括一个城市内的企业、产品、贸易、投资环境、品牌、文化氛围，乃至城市形象和人居环境等全方位的营销。这种营销力求将城市视为一个全业，将城市的各种资源以及城市可以提供的公共产业或者服务，以现代市场营销的方式向购买者兜售。

其中，陶瓷文化产业城市的品牌力计划——城市营销中的陶瓷品牌打造，是根据城市营销的需要进行制订，根据品牌形象进行设计，根据品牌工程进行规划，根据品牌策略进行推广，其具体的营销市场既包括互联网上的虚拟市场，也包括本地市场、国内市场以及海外市场。

江西景德镇就是一个陶器文化产业的典型案例，它是一座通过陶瓷文化产业与世界对话的城市。景德镇党委和政府充分发挥当地素有"瓷都"之称的潜在文化品牌优势，筹资42亿元，建设了陶溪川国际陶瓷文化产业园，将景德镇千年的历史文脉串珠成线、连线成片，打造了名坊园手工制瓷文化创意旅游景区，大力推进陶瓷老街区、老厂区、老窑址的保护项目，不断助推城市经济、文化经济、旅游经济转型升级，重塑千年古镇和世界瓷都的新形象。积极与"一带一路"上的亚欧十几个国家的产瓷城市建立了友好城市关系，借助瓷博会的平台，进行深度的战略合作，不仅带动了旅游、服务、交通等第三产业的发展，还有力推动了景德镇陶瓷文化产业的发展和传统陶瓷文化产业结构的优化升级。

4. 陶瓷文化产业加大了文化遗产的保护力

党的十八大以来，各级党委和政府更加自觉、主动地推动中华优秀传统文化的传承与发展，开展了一系列富有创新、富有成效的工作，有力地增强了中华优秀传统文化的凝聚力、影响力和创造力。

保护陶瓷文化遗产，合理利用和加快陶瓷文化遗产资源的开发，关系到中华传统文化的传承和弘扬。同时要看到，随着我国经济社会的深刻变革、对外开放日益扩大、互联网技术和新媒体快速发展，各种思想文化交流、交融、交锋更加频繁，迫切需要深化对中华优秀传统文化的重要组成部分——陶瓷文化重要性的认识，进一步增强陶瓷文化自觉和陶瓷文化自信。对陶瓷文化遗产保护工作的开展，不仅能够深入挖掘中华陶瓷优秀传统文化价值的内涵，着力构建陶瓷文化传承发展体系，还可以有效促进陶瓷考古、研究等基础性工作的实践，提高中国陶瓷的历史地位，进一步激发中华优秀传统文化的生机与活力，对于传承中华文脉、全面提升人民群众文化素养、维护国家文化安全、增强国家文化软实力、推进国家治理体系和治理能力现代化，具有重要意义。

5. 陶瓷文化产业提升了文化品牌的竞争力

陶瓷企业核心竞争力的外在表现，是陶瓷企业所独具的不可替代的差异化能力，是其他陶瓷企业竞争对手无法模仿且更难超越的，这种内在的力量就是品牌竞争力。提高陶瓷品牌竞争力，能够使企业持续盈利，更具有获取超额利润的品牌溢价能力。

（三）我国陶瓷文化产业的发展趋势

2014年之前，陶瓷装备配套产业在过去市场需求高速增长的时候，随着市场的增长也出现了高速增长。之后，陶瓷文化产业开始进入"零"或"负"增长时期。面对世界政治、经济格局的变化，以及我国的供给侧结构性改革和整个陶瓷文化产业的转型升级等形势，陶瓷文化产业未来的发展趋势与走向，是需要认真思考和探讨的话题。

陶瓷文化产业发展的三种主要生产趋势：①陶瓷产品正在走向功能化，不少专家学者认为，陶瓷功能性发展的具体方向是从打造一个绿色健康的环境，到打造一个人文智能化的空间，再到关注人生命本身的健康；②陶瓷制造装备正在走向柔性化，这关乎包括窑炉在内的整个生产线，具体就是如何实现生产线的快速启动和快速停止；③陶瓷企业运营正在走向互联网化，陶瓷企业运营的创新方向，就是陶瓷文化产业的产业配套将不只是装备和材料，还有运营和服务。

陶瓷文化产业发展的六种主要市场趋势：①趋向产品风格特色多元和个性化的市场方向；②趋向艺术陶瓷产品人性功能化的市场方向；③趋向生活题材产品高档化、环保化的市场方向；④趋向多种文化与陶瓷产品相互交融的市场方向，未来的陶瓷将是全球经济一体化的产物；⑤趋向运用多种材质表现载体的市场方向；⑥趋向技艺不断创新、成本不断降低的市场方向。

陶瓷文化产业发展的两种主要内容趋势：①陶瓷文化经济是一个黏合剂，陶瓷文化经济是陶瓷地区、陶瓷城市、陶瓷城镇的核心所在；②陶瓷文化经济是科学发展的一个助推器，陶瓷文化的渗透力是人的社会性的体现，其导向可以赋予经济发展以价值意义。

陶瓷文化产业发展的业务趋势包括：①自动化、规模化将成为陶瓷企业重要的竞争手段；②一站式全服务将成为陶瓷企业重要的业务模式，陶瓷文化产业将从单系列产品发展到一站式全产品服务；③节能环保将成为陶瓷企业持续发展的要求，随着国家产业政策的调整和燃料、瓷泥、人工成本的上涨，陶瓷生产企业将会加大创新投入。

第四节　陶瓷包装容器设计的新技术应用

新的理念和技术，为陶瓷包装容器的设计带来了新的灵感和创造可能，本节将介绍仿生理念、计算机设计、新材料等方面在陶瓷包装容器中的应用。

一、仿生理念的应用

陶瓷自产生以来，就与人们的生活有着极为密切的关系。可以说，在众多工艺美术或者设计艺术门类当中，只有陶瓷和染织具有如此广泛的受众基础。

陶瓷包装容器在进食、饮用、盛储食品等很多方面都与人们的生活密不可分。所以谈论生活与陶瓷容器的关系，会有助于我们更好地理解生活，明确陶瓷容器在生活中的包装作用，也才能有针对性地设计更适应生活需要的器物，更好地服务生活。

在陶瓷包装容器设计领域里，仿生设计理念是一种重要的设计方式。仿生设计是人类社会生产活动与大自然的契合点，设计师将自然元素引入陶瓷设计之中，更增加了人类与自然的亲近感。

陶瓷仿生设计属于仿生设计学范畴，狭义上认为，其主要是指陶瓷产品的造型和装饰模仿自然界生物体（图9-3）、其他自然存在物或生态形象的某一形象特质（图9-4）的设计活动。广义上讲，是以自然界生物、自然存在物的发展规律和生态现象的本质为依据，探索自然生物、自然存在物和生态形象的内在审美特征与文化内涵，并以此为设计灵感来源的一种艺术实践活动。

自然界充满着多样性与复杂性，也为艺术创造提供了无穷的素材。仿生设计的灵感就是源于自然，如古代的各种莲花尊、蛙形水盂、双鱼瓶、鹰尊等仿动物和植物形象的陶瓷包装容器比比皆是。当然，仿生设

图9-3 仿生陶瓷制品　　　　　图9-4 纹理材质仿生陶瓷制品

计并非简单模仿自然生物的外形，而是以其自然形态为基本元素，通过艺术加工，挖掘自然物的内在活力与本质精神，使包装容器既具有质朴自然的视觉享受，又蕴涵丰富的艺术精神与文化内涵。[1]仿生设计是一个由繁到简、由具象形式到抽象形式的设计过程，体现出了设计师从自然中观察和提炼的综合能力。

仿生造型陶瓷容器，就其器物属性来说，首先应该是实用的，使用功能是陶瓷器物的本质功能。[2]生活需要决定了仿生造型陶瓷作为物质实体存在的意义，仿生造型陶瓷容器应能满足人们的使用需求。

[1] 郝建英. 陶瓷包装容器与制作 [M]. 长沙：湖南大学出版社，2012：15.
[2] 张亚林，姜现甲. 中国仿生陶瓷造型设计研究 [M]. 南昌：江西美术出版社，2017：145.

第九章　对陶瓷包装容器设计发展趋势的思考

二、计算机设计应用

20世纪80年代初，计算机图形图像学作为最尖端技术的视觉表现手段开始应运而生，随着科技的飞速发展和网络时代的到来，这种新的以计算机为工具和媒体的辅助设计形式立刻风靡全球，并进入艺术设计的各个领域。

计算机图形学及辅助图形设计软件于20世纪80年代中期开始在我国出现，20世纪80年代末用于工作站上的三维动画绘图软件也在我国开始运用，计算机设计无与比拟的优越性逐渐体现出来。计算机美术设计的高品质、高效率、精密准确、处理速快、质感逼真等优点是一般设计方式所无法代替的，同时它的易学、易用、易修改性也使广大的艺术爱好者叹为观止。

计算机辅助设计可以满足造型的变形、扭曲以及灯光特效模拟、曲面过滤、质感变化等应用，无疑为陶艺设计家们开拓了新的创造思维。

计算机辅助设计在技术领域为设计师的创造提供了无数可能性，如图形图像处理软件Photoshop、CoreIDRAW、Photostyler等，用于物体二维制图、三维建模的AutoCAD、3DMAX等软件为更多优美作品的创作提供了技术支持。

近年来，随着计算机技术的发展，还出现了基于AR、VR和AI技术的智能设计。

以AR、VR为例，虚拟现实增强技术在平面设计领域发展迅速。近年来，国内外产品包装逐渐出现虚拟现实增强技术的影子，如荷兰飞天农场将增强现实技术融入其产品包装，消费者通过平板电脑或手机即可观看其生动、独特的品牌内容，这一技术的应用为世界各地的产品及包装提供了设计思路；2016年3月5日，麦当劳在瑞士推出"开心眼镜"（Happy Goggles）（图9-5），这款特别版Google Cardboard的虚拟现实眼镜，用开心乐园套餐的餐盒制作而成，消费者只需要打开餐盒，沿预设线撕开盒子并重新折叠后放入内附镜片，简单独特的Google Cardboard

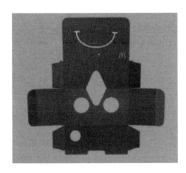

图9-5 麦当劳 "Happy Goggles"
虚拟现实眼镜盒子

虚拟现实"开心眼镜"就制作完毕了，再放入手机并配合配套的游戏应用，即可收获惊艳的虚拟现实体验。

现代包装设计是基于包装材料通过塑造实物的包装构想，实现在保护产品的基础上，对产品的运输、分配、仓储和销售起促进作用，传递产品信息、体现产品特色并提供产品身份识别目的的创造性活动。传统的陶瓷包装容器的功能主要体现在产品保护、品牌识别、信息传达等方面，对于识别产品品牌、传达品牌信息、宣传品牌形象等方面效果甚微，对于强化品牌形象和提高用户体验更是无从谈起。通过虚拟现实增强技术与陶瓷包装容器设计的结合，实现数字信息与包装实体的匹配叠加，可以增强陶瓷包装容器的信息量及消费者参与体验产品包装的交互性行为。

传统包装为实现传递产品信息的目的，往往需添加纸质产品说明书或占用包装展示面较大空间进行文字性说明，这给包装设计人员在进行包装装潢设计时带来了较大的局限性。基于虚拟现实增强技术的陶瓷包装容器设计，一方面将产品信息与产品实物进行交集运算并以虚拟数字形式作动态呈现，简化包装实物信息，活跃设计思维，激发更多创作灵感，为陶瓷包装容器设计创意提供更为广阔自由的想象空间；另一方面，基于虚拟现实增强技术的"再现客观真实性"，包装设计师可随时将虚拟包装与真实产品进行匹配，从而及时发现并解决设计过程中存在的缺陷与不足，同时这种"再现客观真实性"也为设计师提供了用虚拟包装与委托方进行沟通的方式，提高了设计效率，缩短了设计周期。这种简化包装实物信息、减少印刷材料、提高设计效率、缩短设计周期的包装设计行为，在有形与无形当中践行了绿色包装原则，符合现代包装设计新理念。

三、新材料的应用

材料是陶瓷艺术设计的关键因素之一，是陶瓷艺术形象的物质基础，以其自然属性表现出独特的材质美，如瓷胎和釉质的光洁度、透明度、滋润度以及肌理美等效果。陶瓷艺术作品的美感来自材料，材料赋予了陶瓷制品生机和个性。

随着现代科学技术的飞速发展，以及新材料、新工艺的不断更新，人们的思想意识也在不断变化，欧洲和日本等国在陶瓷包装设计领域经过半个多世纪的创新，已然遥遥领先。就我国的现状而言，首先应立足于观念的改变，推陈出新，开拓和发展各种新材料、新工艺，打破传统的陶瓷艺术创作意念，树立既学习继承传统文化艺术的精华，又要去其糟粕，运用现代设计意识，创作出陶与瓷、陶与各种金属材料、瓷与玻璃等多种材料构成的陶瓷艺术佳作。

利用新材料已经成为现代陶瓷艺术设计的趋势之一。陶瓷艺术材料种类丰富多样，不仅有不同的物理和化学性质，也有不同的色泽和质地，使用范围很广泛，表现效果也不可穷尽。不同的材料会让人产生不同的心理和生理感受，会表现出不同的艺术语言。同时，不同的陶瓷材料在烧制中由于煅烧时间及材料性能的差异也会产生不同的艺术效果。因此，进行陶瓷包装容器设计时应充分考虑这些因素，根据创作需要，合理选择材料，发挥出材料质地和色彩的特点，达到自然和谐的效果。

参考文献

[1] 程蓉洁，尹燕，王巍.包装设计[M].北京：中国轻工业出版社，2018.

[2] 韩世明.辽金生活史话[M].沈阳：东北大学出版社，2017.

[3] 路易莎·泰勒.陶艺制作圣经：从材料到制作工艺的完全指南[M].赵莹，孙思宇，王营伟，译.北京：北京美术摄影出版社，2014.

[4] 北京艺术博物馆.中国磁州窑[M].北京：中国华侨出版社，2017.

[5] 岑伯明.上林湖唐宋越窑青瓷纹饰[M].宁波：宁波出版社，2018.

[6] 曾玲玲.瓷话中国：走向世界的中国外销瓷[M].北京：商务印书馆，2014.

[7] 陈建军.中国美术简史[M].上海：东方出版中心，2018.

[8] 陈莉.中国审美文化简史[M].北京：中央民族大学出版社，2014.

[9] 陈玲，姚田.包装设计[M].武汉：华中科技大学出版社，2017.

[10] 陈履生.中国工艺1000例[M].南宁：广西美术出版社，2013.

[11] 陈先枢.中国历代包装史略[J].包装世界，1994（2）：60，61.

[12] 丁桂兰，陈敏.品牌管理[M].武汉：华中科技大学出版社，2014.

[13] 方李莉.中国陶瓷史[M].济南：齐鲁书社，2013.

[14] 高民.传统造物观在包装设计领域中的价值体现[J].美与时代，2014（7）：92，93.

[15] 顾敏.本溪陶瓷史[M].沈阳：辽宁人民出版社，2016.

[16] 韩丛耀，邵晓峰.中华图像文化史·宋代卷（上）[M].北京：中国摄影出版社，2016.

[17] 何身德，邵红.话说瓷都[M].南昌：江西美术出版社，2016.

[18] 黄吉宏，王丽.佛道陶瓷艺术研究[M].南昌：江西美术出版社，2017.

[19] 黄天华.中国财政制度史（第3卷）[M].上海：上海人民出版社，2017.

[20] 黄永飞.中国工艺美术简史[M].重庆：西南师范大学出版社，2016.

[21] 江旺龙.景德镇陶瓷区域品牌重构与人才竞争战略研究[M].南昌：江西高校出版社，2017.

[22] 姜磊，戴雨享.陶瓷创意设计[M].杭州：中国美术学院出版社，2017.

[23] 蓝天旺.陶瓷工业节能、智能技术分析及发展趋势[J].佛山陶瓷，2019，29（2）：44-48.

[24] 李文锋.中国开放型经济体系演进探究[M].北京：中国商务出版社，2018.

[25] 李锡厚，白滨.辽金西夏史[M].上海：上海人民出版社，2016.

[26] 梁玉多.渤海国经济研究[M].哈尔滨：黑龙江大学出版社，2015.

[27] 林梓波.陶艺[M].重庆：西南师范大学出版社，2011.

[28] 刘春雷，汪兰川，申丽丽.包装设计及应用[M].武汉：华中科技大学出版社，2017.

[29] 刘立煌.论陶瓷出口目的地文化追踪机制的建立[J].景德镇学院学报，2017（1）：94-98.

[30] 刘庆平.武汉馆藏文物精粹（中英文本）[M].武汉：武汉出版社，2006.

[31] 刘伟.帝王与宫廷瓷器[M].北京：紫禁城出版社，2012.

[32] 刘永强.两汉西域经济研究[M].咸阳：西北农林科技大学出版社，2016.

[33] 龙泉市博物馆.龙泉文物大观[M].杭州：西泠印社出版社，2017.

[34] 罗时武.陶瓷研究：从技术到艺术的探究[M].南昌：江西美术出版社，2006.

[35] 吕锋，廉毅，闫英林.艺术设计史[M].沈阳：辽宁美术出版社，2017.

[36] 马莉.先秦工艺美术概论[M].兰州：甘肃人民出版社，2013.

[37] 马胜春，阿不都艾尼.新疆维吾尔自治区经济史[M].太原：山西经济出版社，2016.

[38] 明月.陶瓷艺术及其产业化研究[M].北京：中国水利水电出版社，2019.

[39] 欧阳慧.绿色品牌包装创新研究[M].长春：吉林大学出版社，2018.

[40] 乔晓勤.区域互动框架下的史前中国南方海洋文化[M].桂林：广西师范大学出版社，2016.

[41] 曲枫.图像时代的精神寓言：中国新石器时代的神话、艺术与思想[M].哈尔滨：黑龙江人民出版社，2017.

[42] 沈榆.中国现代设计观念史[M].上海：上海人民美术出版社，2017.

[43] 宋宝丰，谢勇.包装容器结构设计与制造[M].2版.北京：文化发展出版社，2016.

[44] 宋寰，黎荔.中外美术史[M].成都：电子科技大学出版社，2017.

[45] 王建清，陈金周.包装材料学[M].2版.北京：中国轻工业出版社，2017.

[46] 王俊.中国古代陶器[M].北京：中国商业出版社，2015.

[47] 王敏，闫如山.景德镇陶瓷包装的地域性和品牌化探析[J].包装世界，2010（3）：132，133.

[48] 王敏，闫如山.景德镇陶瓷图纹在现代设计家纺图形中的运用研究[M].天津：天津科学技术出版社，2017.

[49] 王世群.我国陶瓷出口贸易态势及优化策略[J].对外经贸实务，2017（11）：49-52.

[50] 王桐龄.中国史（下卷）[M].南昌：江西教育出版社，2018.

[51] 王巍.中国考古学大辞典[M].上海：上海辞书出版社，2014.

[52] 王幼平.旧石器时代考古[M].北京：文物出版社，2000.

[53] 肖雅婷.陶瓷包装设计对陶瓷产品的影响与提升[J].大众文艺（学术版），2013（20）：70，71.

[54] 肖瑶.中华国宝档案[M].北京：西苑出版社，2010.

[55] 谢明良.贸易陶瓷与文化史[M].北京：生活·读书·新知三联书店，2019.

[56] 熊寥.中国古代制瓷工程技术史[M].太原：山西教育出版社，2014.

[57] 徐琳琳.江西古陶瓷文化线路[M].南昌：江西人民出版社，2017.

[58] 闫如山.鉴古知今：谈我国民间美术色彩的魅力[J].艺术与设计（理论版），2008（2）：193，194.

[59] 闫如山.论景德镇陶瓷艺术视觉形态及其在现代设计中应用[J].大众文艺，2012（20）：80，9.

[60] 闫如山.浅析景德镇陶瓷纹饰在现代设计的中的运用：以家纺图案设计为例[J].文艺生活（文艺理论），2014（11）：24，25.

[61] 闫如山.谈新媒介对平面设计视觉语言的影响和意义[J].美术大观，2008（1）：122，123.

[62] 闫如山.陶瓷·包装·文化：景德镇日用陶瓷包装设计及发展研究[M].长春：吉林大学出版社，2015.

[63] 闫如山.凝彩流韵：景德镇陶瓷装饰图案艺术研究[M].北京：中国言实出版社，2015.

[64] 叶喆民.中国陶瓷史（增订版）[M].北京：生活·读书·新知三联书店，2011.

[65] 游友基.张以宁论[M].福州：海峡书局，2017.

[66] 袁楚静，王梦林.试论传统陶瓷元素在包装设计中的应用[J].中国包装工业，2015（12）：36，37.

[67] 张艳.浅议现代包装策略[J].印刷世界，2004（11）：16，17.

[68] 张之恒.中国新石器时代考古[M].南京：南京大学出版社，2004.

[69] 郑建明.商代原始瓷分区与分期略论[J].东南文化，2012（2）：45-54.

[70] 郑云云.瓷上文化：东西方造物观的神秘链接[M].南昌：江西美术出版社，2017.

[71] 中国国家博物馆.藏在文物里的中国史1：史前时代[M].南昌：二十一世纪出版社，2017.

[72] 中国国家博物馆.中国国家博物馆馆藏文物研究丛书：瓷器卷（清代）[M].上海：上海古籍出版社，2007.

[73] 中国轻工业信息中心，全国陶瓷工业信息中心，《中国陶瓷》杂志社.中国日用陶瓷年鉴（2017年版）[M].北京：中国轻工业出版社，2017.

[74] 中国文物学会专家委员会.经典中国艺术史（卷一）[M].合肥：黄山书社，2009.

[75] 周光真.电窑烧制陶艺教程[M].上海：上海科学技术出版社，2018.

[76] 周作好.陶瓷包装设计[M].成都：西南交通大学出版社，2019.

[77] 朱良津.凝固的灿烂：贵州古代美术文物阐释[M].贵阳：贵州人民出版社，2018.

[78] 朱和平.中国古代包装艺术史[M].北京：人民出版社，2016.

[79] 字开春，向勇，祁诗媛.中国陶瓷文化与陶瓷文化产业[M].昆明：云南大学出版社，2018.

后　记

　　陶瓷的产生最早可以追溯到新石器时代，发展至今已有近万年的历史。随着社会的不断进步，陶瓷的器型、装饰都发生了日新月异的变化。传统样式经历了时间长河的冲刷，却毫不褪色，反而以其深刻的文化内涵，显现出巨大的魅力。

　　随着时代的进步、科技的发展，陶瓷包装容器设计已经跨入了一个新的世纪，进入了一个信息时代。现代陶瓷包装容器设计将绽放出更耀眼的光彩，但是现代设计不应该仅仅是悦目的形与色以及生活的点缀，更应该是对生命意义的愿望表达，承载着文化与生活态度。所以，现代陶瓷包装容器设计应该古今相通、东西并纳，扎根于民族文化的土壤中，以清新而蓬勃的气息绽放于世，充分体现出自信与自强，在个性和材质的自然属性中自由徜徉。

2022年5月